# 多項式と単項式の乗除

**1** 次の計算をしなさい。 (6点×6)

(1) $2a(a+5b)$

(2)

(3) $-y(7x-y)$

(4) $\dfrac{3}{2}a(4a-8)$

(5) $3a(a-2b-3c)$

(6) $(4x+3y-2)\times(-5x)$

**2** 次の計算をしなさい。 (6点×4)

(1) $(8a^2+6a)\div 2a$

(2) $(12xy-15x^2y)\div 3y$

(3) $(x^2y-xy^2-xy)\div(-x)$

(4) $(18a^2b-9ab^2)\div\dfrac{3}{4}ab$

**3** 次の計算をしなさい。 (10点×4)

(1) $3x(x-3)+2x(x+4)$

(2) $2a(a-3b)-4a(2a-b)$

(3) $-6x(4+x)-5x(1-2x)$

(4) $a(a+3b)-\dfrac{a}{3}(6a+9b)$

---

得点UP

**1** (1)分配法則を利用して，かっこの外の単項式をかっこ内のすべての項にかける。
**2** (1)わる式の逆数をかける形に直してから計算する。 **3** (1)分配法則でかっこをはずし，同類項をまとめる。

# 多項式の乗法

月　日

点

合格点：**80** 点／100 点

**1** 次の式を展開しなさい。　　　　　　　　　　　　　　　　　　　　(7点×4)

(1) $(x+3)(y+4)$　　　　　　(2) $(a+x)(b-y)$

(3) $(a-5)(b+6)$　　　　　　(4) $(2x-3)(y-7)$

**2** 次の式を展開しなさい。　　　　　　　　　　　　　　　　　　　　(8点×4)

(1) $(2x+3)(x+4)$　　　　　　(2) $(y+5)(3y-2)$

(3) $(a-2b)(3a+b)$　　　　　　(4) $(4x-y)(2x-5y)$

**3** 次の式を展開しなさい。　　　　　　　　　　　　　　　　　　　　(10点×4)

(1) $(a+2)(a+3b-4)$　　　　　　(2) $(x+3y)(2x-y+1)$

(3) $(4x-2y+3)(5x-1)$　　　　　　(4) $(3a+2b-5)(4a-3b)$

得点UP

**1** (1)次の計算法則を利用して，単項式の和の形に表す。$(a+b)(c+d)=ac+ad+bc+bd$

**2** (1)展開したあと，**同類項**があるときは，それを**まとめて簡単**にする。

**1 多項式の計算**

# 乗法公式(1)

**1** 次の式を展開しなさい。　　　　　　　　　　　　　　　　　　　　　　　(8点×8)

(1)　$(x+4)(x+5)$

(2)　$(x+8)(x-3)$

(3)　$(x-9)(x-4)$

(4)　$(y-7)(y+6)$

(5)　$(a+2)(a-9)$

(6)　$(m+3)(m+10)$

(7)　$\left(x-\dfrac{3}{4}\right)\left(x-\dfrac{1}{4}\right)$

(8)　$\left(a-\dfrac{2}{3}\right)\left(a+\dfrac{5}{6}\right)$

**2** 次の式を展開しなさい。　　　　　　　　　　　　　　　　　　　　　　　(9点×4)

(1)　$(x-5)(8+x)$

(2)　$(6+x)(7+x)$

(3)　$(a+4)(-9+a)$

(4)　$(10+y)(-8+y)$

得点UP

**1** (1)次の乗法公式を使って展開する。　$(x+a)(x+b)=x^2+(a+b)x+ab$

**2** (1)$(x-5)(8+x)=(x-5)(x+8)$ としてから，乗法公式を使う。

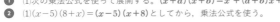

# 乗法公式(2)

**1** 次の式を展開しなさい。 （8点×8）

(1) $(x+4)^2$

(2) $(x+7)^2$

(3) $(y+5)^2$

(4) $(x-3)^2$

(5) $(a-9)^2$

(6) $(y-1)^2$

(7) $\left(x+\dfrac{3}{2}\right)^2$

(8) $\left(a-\dfrac{1}{4}\right)^2$

**2** 次の式を展開しなさい。 （9点×4）

(1) $(8+x)^2$

(2) $(-7+a)^2$

(3) $(4-x)^2$

(4) $(-y+2)^2$

得点UP

**1** (1)和の平方の公式 $(x+a)^2=x^2+2ax+a^2$ を使う。 (4)差の平方の公式 $(x-a)^2=x^2-2ax+a^2$ を使う。
**2** (1) $x=8$, $a=x$ として，和の平方の公式を使う。 (3) $x=4$, $a=x$ として，差の平方の公式を使う。

# 乗法公式(3)

**1** 次の式を展開しなさい。 (8点×8)

(1) $(x+5)(x-5)$

(2) $(x-7)(x+7)$

(3) $(a-9)(a+9)$

(4) $(y+3)(y-3)$

(5) $(m+1)(m-1)$

(6) $(p-8)(p+8)$

(7) $\left(x+\dfrac{1}{6}\right)\left(x-\dfrac{1}{6}\right)$

(8) $\left(y-\dfrac{2}{3}\right)\left(y+\dfrac{2}{3}\right)$

**2** 次の式を展開しなさい。 (9点×4)

(1) $(4+x)(4-x)$

(2) $(7-y)(7+y)$

(3) $(2+x)(x-2)$

(4) $(-a-6)(-a+6)$

---

得点UP

**1** ⑴次の和と差の積の公式を使って展開する。$(x+a)(x-a)=x^2-a^2$

**2** ⑶$(2+x)(x-2)=(x+2)(x-2)$としてから展開する。　⑷$-a$ を 1 つの文字とみて展開する。

START　　　　　　　　　　　　　　　　　　　　　　　　　　　GOAL

# いろいろな式の展開

**1** 次の式を展開しなさい。 (10点×8)

 (1) $(2x+3)(2x+5)$

(2) $(3a-4)(3a+5)$

(3) $(x+7y)(x-9y)$

(4) $\left(\dfrac{a}{3}-8\right)\left(\dfrac{a}{3}+5\right)$

(5) $(4a+3)^2$

(6) $(3x-5y)^2$

(7) $(7a+6)(7a-6)$

(8) $(-4x-3y)(-4x+3y)$

**2** 次の式を展開しなさい。 (10点×2)

 (1) $(x-y-3)(x-y+4)$

(2) $(x+y-5)^2$

得点UP

**1** (1)同じ項に着目し，それを1つの文字とみて，かっこをつけて乗法公式を利用する。

**2** (1)共通部分を1つの文字におきかえれば，乗法公式を利用して展開できる。

# 展開をふくむ式の計算

月　日

点

合格点：**80** 点／100 点

**1** 次の計算をしなさい。　　　　　　　　　　　　　　　　　　　　　　（10点×6）

(1) $(a+4)(a-5)-3a$　　　　(2) $(x-5)(x+2)-(x-1)^2$

(3) $(x-3)(x+5)-(x+4)(x-4)$　　(4) $(x+3)^2+(x+1)(x+6)$

(5) $(x+2y)(x+3y)-(x-4y)(x+5y)$　　(6) $(2x-3)^2-(x-2)(x+2)$

**2** 次の計算をしなさい。　　　　　　　　　　　　　　　　　　　　　　（10点×4）

(1) $2(x+3)^2-(x+4)(x-7)$　　(2) $3(a+1)(a-1)-(2a+3)^2$

(3) $3(x+1)^2-2(x-3)(x-2)$　　(4) $(x-3y)^2-2(x-y)(x-2y)$

得点UP

**1** ⑴まず，乗法の部分を**乗法公式を使って展開**する。次に，同類項をまとめる。
⑵$-(x-1)^2$ を展開するときは，展開した式を一度**かっこでくくっておく**とよい。

# まとめテスト①

**1** 次の計算をしなさい。　　　　　　　　　　　　　　　　　　　　　（8点×2）

(1) $4a(3a-2b)$

(2) $(15x^2y-6xy^2)\div(-3xy)$

**2** 次の式を展開しなさい。　　　　　　　　　　　　　　　　　　　　（8点×8）

(1) $(x+7)(2x-5)$

(2) $(a-3)(a-2b+4)$

(3) $(a+5)(a-2)$

(4) $(x+9)^2$

(5) $(m-7)^2$

(6) $(y-6)(y+6)$

(7) $(2x-5y)(2x+y)$

(8) $(3a-4b)^2$

**3** 次の計算をしなさい。　　　　　　　　　　　　　　　　　　　　（10点×2）

(1) $(2x-3)(2x+3)-2(x-5)^2$

(2) $4(a+2)^2-3(a+4)(a-2)$

2 因数分解

# 因数分解(1)

月　日

点

合格点：**82**点／100点

① 次の式を因数分解しなさい。　　　　　　　　　　　　(7点×4)

(1)　$2ax+8ay$

(2)　$6ab+4ac-10ad$

(3)　$10a^2-15ab-5a$

(4)　$9x^2y-6xy^2+15xy$

② 次の式を因数分解しなさい。　　　　　　　　　　　　(9点×8)

(1)　$x^2+7x+10$

(2)　$x^2-3x-28$

(3)　$x^2+3x-18$

(4)　$x^2-13x+36$

(5)　$y^2-7y-30$

(6)　$a^2+a-56$

(7)　$x^2+16x+48$

(8)　$m^2-17m+42$

得点UP

❶ 共通因数は**すべてかっこの外**にくくり出す。

❷ (1)公式 $x^2+(a+b)x+ab=(x+a)(x+b)$ を利用して，積が10，和が7となる2数を見つける。

# 因数分解(2)

**1** 次の式を因数分解しなさい。 (10点×5)

(1) $x^2 + 8x + 16$

(2) $x^2 + 14x + 49$

(3) $a^2 + 6a + 9$

(4) $y^2 + 12y + 36$

(5) $m^2 + 20m + 100$

**2** 次の式を因数分解しなさい。 (10点×5)

(1) $x^2 - 10x + 25$

(2) $x^2 - 4x + 4$

(3) $y^2 - 2y + 1$

(4) $a^2 - 16a + 64$

(5) $t^2 - 24t + 144$

得点UP

**1** (1)公式 $x^2 + 2ax + a^2 = (x+a)^2$ を利用する。$8 = 2 \times 4$，$16 = 4^2$ だから，$a = 4$ である。

**2** (1)公式 $x^2 - 2ax + a^2 = (x-a)^2$ を利用する。$10 = 2 \times 5$，$25 = 5^2$ だから，$a = 5$ である。

2 因数分解

# 因数分解(3)

**1** 次の式を因数分解しなさい。 (10点×5)

 (1) $x^2 - 16$

(2) $x^2 - 49$

(3) $a^2 - 100$

(4) $y^2 - 64$

(5) $m^2 - 9$

**2** 次の式を因数分解しなさい。 (10点×5)

 (1) $25 - x^2$

(2) $1 - a^2$

 (3) $x^2 - \dfrac{1}{4}$

(4) $y^2 - \dfrac{4}{9}$

(5) $\dfrac{9}{25} - m^2$

得点UP

**1** (1)公式 $x^2 - a^2 = (x+a)(x-a)$ を利用する。$x^2 - 16 = x^2 - 4^2$ である。

**2** (1)文字の項と数の項が入れかわっても，公式が使える。　(3)数の項が分数になっても，公式が使える。

# 因数分解の利用

**1** 次の式を因数分解しなさい。 (10点×4)

(1) $9x^2 + 12x + 4$

(2) $4a^2 - 28a + 49$

(3) $x^2 - 10xy + 25y^2$

(4) $36a^2 - 25b^2$

**2** 次の式を因数分解しなさい。 (10点×4)

(1) $3x^2 + 6x - 45$

(2) $4x^2y - 24xy + 36y$

(3) $45a^2b - 80bc^2$

(4) $(x+1)^2 - 5(x+1) + 6$

**3** 次の式を，くふうして計算しなさい。 (10点×2)

(1) $33^2 - 67^2$

(2) $75^2 - 74^2$

----

得点UP

**1** (1)$9x^2 + 12x + 4 = (3x)^2 + 2 \times 2 \times 3x + 2^2$ として，公式 $x^2 + 2ax + a^2 = (x+a)^2$ を利用する。

**2** (4)$x+1$ を1つの文字におきかえて因数分解する。

START ○—○—○　　　　　　　　　　　　　　　　　　　　　　　　　GOAL

2　因数分解

# まとめテスト②

**1** 次の式を因数分解しなさい。　　　　　　　　　　　　　（8点×10）

(1)　$4x^2 - 24xy$

(2)　$7m^2n - mn^2$

(3)　$x^2 + 13x + 12$

(4)　$a^2 - 12a - 28$

(5)　$y^2 - 6y + 9$

(6)　$m^2 - 900$

(7)　$4a^2 - 4a + 1$

(8)　$81x^2 - 25y^2$

(9)　$2x^2 - 6x - 80$

(10)　$ab^2 + 8ab + 16a$

**2** 次の式を，くふうして計算しなさい。　　　　　　　　　（10点×2）

(1)　$16^2 - 34^2$

(2)　$105^2 - 95^2$

3 平方根

# 平方根

**1** 次の数の平方根（へいほうこん）を求めなさい。　　　　　　　　　　　　　（6点×3）

(1)　36　　　　　　　　(2)　$\dfrac{4}{9}$　　　　　　　　(3)　0.04

**2** 次の数の平方根を，根号（こんごう）を使って表しなさい。　　　　　　　（6点×3）

(1)　14　　　　　　　　(2)　0.7　　　　　　　(3)　$\dfrac{3}{5}$

**3** 次の数を根号を使わずに表しなさい。　　　　　　　　　　　　　　　　（6点×6）

(1)　$\sqrt{16}$　　　　　　　(2)　$-\sqrt{49}$　　　　　　(3)　$\sqrt{(-5)^2}$

(4)　$\sqrt{\dfrac{4}{25}}$　　　　　　　(5)　$-\sqrt{11^2}$　　　　　　(6)　$(-\sqrt{17})^2$

**4** 次の各組の数の大小を，不等号を使って表しなさい。　　　　　　　　　（7点×4）

(1)　$\sqrt{10}$, $\sqrt{13}$　　　　　　　　(2)　4, $\sqrt{15}$

(3)　$-\sqrt{14}$, $-\sqrt{19}$　　　　　　(4)　$\sqrt{0.3}$, 0.3

得点UP
**1** 2乗すると $a$ になる数が $a$ の平方根である。正の数の平方根は，正と負の2つある。
**3** $a>0$ のとき，$\sqrt{(-a)^2}=a$，$(-\sqrt{a})^2=a$　**4** $0<a<b$ ならば，$\sqrt{a}<\sqrt{b}$

3 平方根

# 平方根の乗除

**1** 次の計算をしなさい。 (8点×6)

(1) $\sqrt{5} \times \sqrt{7}$

(2) $\sqrt{3} \times (-\sqrt{13})$

(3) $\sqrt{18} \times \sqrt{2}$

(4) $\sqrt{40} \div \sqrt{8}$

(5) $\sqrt{45} \div \sqrt{5}$

(6) $(-\sqrt{48}) \div \sqrt{3}$

**2** 次の数を変形して，$\sqrt{a}$ の形に表しなさい。 (8点×3)

(1) $3\sqrt{2}$

(2) $2\sqrt{5}$

(3) $5\sqrt{3}$

**3** 次の数を変形して，$\sqrt{\phantom{x}}$ の中をできるだけ簡単な数にしなさい。 (7点×4)

(1) $\sqrt{98}$

(2) $\sqrt{72}$

(3) $\sqrt{\dfrac{7}{64}}$

(4) $\sqrt{\dfrac{12}{25}}$

# 根号をふくむ式の乗除

**1** 次の計算をしなさい。 (8点×4)

(1) $\sqrt{21} \times \sqrt{14}$

(2) $\sqrt{30} \times \sqrt{42}$

(3) $\sqrt{12} \times \sqrt{45}$

(4) $\sqrt{50} \times (-\sqrt{48})$

**2** 次の数の分母を有理化しなさい。 (8点×4)

(1) $\dfrac{3}{\sqrt{5}}$

(2) $\dfrac{9}{2\sqrt{3}}$

(3) $\dfrac{3\sqrt{3}}{\sqrt{6}}$

(4) $\dfrac{6}{\sqrt{18}}$

**3** 次の計算をしなさい。 (9点×4)

(1) $\sqrt{3} \div \sqrt{7}$

(2) $\sqrt{18} \div 2\sqrt{6}$

(3) $5\sqrt{3} \div \sqrt{80}$

(4) $(-\sqrt{32}) \div \sqrt{24}$

得点UP

**1** (1)根号の中を2つの数の積の形に表して計算する。 (3)まず, それぞれの数を $a\sqrt{b}$ の形に変形する。
**2** (1)分母の $\sqrt{\phantom{a}}$ のついた数を分母と分子にかける。 (4)まず, 分母の数を $a\sqrt{b}$ の形に変形する。

# 平方根のおよその値

**1** $\sqrt{3.14}=1.772$ として，次の値を求めなさい。 (8点×2)

(1) $\sqrt{31400}$            (2) $\sqrt{0.0314}$

**2** $\sqrt{6}=2.449$，$\sqrt{60}=7.746$ として，次の値を求めなさい。 (8点×6)

(1) $\sqrt{600}$            (2) $\sqrt{6000}$

(3) $\sqrt{60000}$            (4) $\sqrt{0.6}$

(5) $\sqrt{0.06}$            (6) $\sqrt{0.006}$

**3** $\sqrt{2}=1.414$ として，次の値を求めなさい。 (9点×4)

(1) $\sqrt{18}$            (2) $\sqrt{50}$

(3) $\dfrac{8}{\sqrt{2}}$            (4) $\dfrac{2}{7\sqrt{2}}$

得点UP

**1** 根号の中の数の小数点が **2** けたずれると，その数の平方根の小数点は，**同じ向きに 1 けたずれる**。

**3** (1)まず，もとの数を $a\sqrt{b}$ の形に変形する。 (3)まず，もとの数の**分母を有理化**する。

# 根号をふくむ式の加減

**1** 次の計算をしなさい。 (6点×6)

(1) $3\sqrt{7} + 5\sqrt{7}$

(2) $4\sqrt{5} - 7\sqrt{5}$

(3) $2\sqrt{3} - 7\sqrt{3} + 8\sqrt{3}$

(4) $4\sqrt{2} + \sqrt{6} - 9\sqrt{2}$

(5) $5\sqrt{6} - 8 - 4\sqrt{6} + 3$

(6) $\sqrt{5} + 3\sqrt{7} - 4\sqrt{5} + 2\sqrt{7}$

**2** 次の計算をしなさい。 (8点×8)

(1) $\sqrt{50} + \sqrt{18}$

(2) $\sqrt{75} - \sqrt{27}$

(3) $\sqrt{48} + \sqrt{12} - \sqrt{108}$

(4) $\sqrt{80} - \sqrt{112} + 3\sqrt{28} - 2\sqrt{45}$

(5) $\dfrac{8}{\sqrt{2}} + 5\sqrt{2}$

(6) $7\sqrt{3} - \dfrac{6}{\sqrt{3}}$

(7) $\dfrac{\sqrt{7}}{2} + \dfrac{2}{\sqrt{7}}$

(8) $\dfrac{3}{4\sqrt{3}} - \dfrac{3\sqrt{6}}{\sqrt{8}}$

得点UP

**1** (1)√ の部分が同じ数は，**同類項**と同じように考えて，まとめることができる。$a\sqrt{c} + b\sqrt{c} = (a+b)\sqrt{c}$

**2** (1)まず，√ の中の数が**できるだけ簡単**になるように変形する。 (5)まず，**分母を有理化**する。

3　平方根

# 根号をふくむ式の計算(1)

月　　日

点

合格点：**80**点／100点

**1** 次の計算をしなさい。 (10点×6)

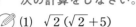(1)　$\sqrt{2}(\sqrt{2}+5)$

(2)　$\sqrt{3}(4-\sqrt{6})$

(3)　$\sqrt{6}(\sqrt{20}+\sqrt{6})$

(4)　$\sqrt{2}(\sqrt{12}-\sqrt{18})$

(5)　$\sqrt{5}(\sqrt{45}-2\sqrt{15})$

(6)　$2\sqrt{3}(\sqrt{8}+\sqrt{48})$

**2** 次の計算をしなさい。 (10点×4)

(1)　$(\sqrt{3}+1)(2\sqrt{3}-5)$

(2)　$(2\sqrt{5}-3)(\sqrt{5}+4)$

(3)　$(\sqrt{3}+\sqrt{5})(3\sqrt{3}+2\sqrt{5})$

(4)　$(2\sqrt{6}-\sqrt{2})(\sqrt{6}+2\sqrt{2})$

得点UP

**1** (1)分配法則を利用して，かっこの外の数をかっこ内のすべての項にかける。

**2** (1)計算法則 $(a+b)(c+d)=ac+ad+bc+bd$ を利用して，かっこをはずす。

3　平方根

# 根号をふくむ式の計算⑵

**1** 次の計算をしなさい。 (10点×8)

(1) $(\sqrt{3}+2)(\sqrt{3}+4)$

(2) $(\sqrt{5}-3)(\sqrt{5}+7)$

(3) $(\sqrt{2}+\sqrt{5})(\sqrt{2}-2\sqrt{5})$

(4) $(\sqrt{3}+5)^2$

(5) $(4-3\sqrt{2})^2$

(6) $(3\sqrt{7}-\sqrt{5})^2$

(7) $(\sqrt{3}+\sqrt{7})(\sqrt{3}-\sqrt{7})$

(8) $(2\sqrt{5}-\sqrt{6})(\sqrt{6}+2\sqrt{5})$

**2** $x=\sqrt{7}+3$, $y=\sqrt{7}-3$ のとき，次の式の値を求めなさい。 (10点×2)

(1) $x^2+2x-15$

(2) $x^2-y^2$

得点UP

**1** ⑴乗法公式 $(x+a)(x+b)=x^2+(a+b)x+ab$ を利用。　⑷乗法公式 $(x+a)^2=x^2+2ax+a^2$ を利用。

**2** ⑴もとの式を**因数分解**してから，文字の値を代入するとよい。

3　平方根

# まとめテスト③

合格点：**76**点／100点

点

**1** 次の各組の数の大小を，不等号を使って表しなさい。　　　(8点×2)

(1)　$-30, \ -3\sqrt{3}$

(2)　$\sqrt{\dfrac{2}{3}}, \ \dfrac{\sqrt{2}}{3}, \ \dfrac{2}{\sqrt{3}}$

**2** 次の計算をしなさい。　　　(8点×6)

(1)　$\sqrt{32} \times \sqrt{20}$

(2)　$\sqrt{60} \div \sqrt{5}$

(3)　$8\sqrt{7} + 3\sqrt{7}$

(4)　$5\sqrt{6} - \sqrt{2} - \sqrt{54} + \sqrt{32}$

(5)　$\sqrt{200} - \sqrt{98} + \sqrt{18}$

(6)　$\dfrac{5\sqrt{3}}{\sqrt{2}} + \dfrac{9}{\sqrt{6}}$

**3** 次の計算をしなさい。　　　(9点×4)

(1)　$\sqrt{3}(\sqrt{18} - 2\sqrt{12})$

(2)　$(\sqrt{7} - 2)(\sqrt{7} - 3)$

(3)　$(2\sqrt{6} - \sqrt{3})^2$

(4)　$(\sqrt{5} - 2\sqrt{2})(2\sqrt{2} + \sqrt{5})$

# 2次方程式とその解

**1** 次の方程式のうち，2次方程式はどれですか。すべて選び，記号で答えなさい。
(20点)

**ア**．$x^2+5x+6=0$　　　　　　**イ**．$3x-5=0$

**ウ**．$(x+3)(x-4)=x^2$　　　**エ**．$x^2+5x=x^2-8$

**オ**．$2x^2-4x+5=x+9$　　　**カ**．$x^2=7$

**2** 次の2次方程式で，解が$-3$であるものはどれですか。すべて選び，記号で答えなさい。
(20点)

**ア**．$x^2-3x=0$　　　　　　**イ**．$(x+5)^2=4$

**ウ**．$(x+3)(x-8)=0$　　　**エ**．$(x-1)^2=4$

**オ**．$x^2-4x-21=0$　　　　**カ**．$(x+3)^2=1$

**3** $-4$，$-2$，$0$，$2$，$4$のうち，次の2次方程式の解になっているものを，すべて答えなさい。
(20点×3)

(1)　$x^2+4x=0$

(2)　$x^2-2x-8=0$

(3)　$x^2+6x-16=0$

得点UP
**1** （左辺）＝0の形に変形してみる。（2次式）＝0の形になっていれば，2次方程式である。
**2** $x=-3$をそれぞれの方程式に代入してみる。**等式が成り立てば**，その方程式の**解**である。

4　2次方程式

# 平方根の考えを使った解き方

合格点：**76**点／100点

点

**1** 次の方程式を解きなさい。 (6点×6)

(1) $x^2 = 49$

(2) $x^2 - 6 = 0$

(3) $2x^2 = 18$

(4) $6x^2 = 42$

(5) $16x^2 - 5 = 0$

(6) $8x^2 = 20$

**2** 次の方程式を解きなさい。 (8点×8)

(1) $(x-1)^2 = 25$

(2) $(x+9)^2 = 1$

(3) $(x-3)^2 = 7$

(4) $(x+4)^2 = 12$

(5) $(x+5)^2 - 81 = 0$

(6) $(x-2)^2 - 16 = 0$

(7) $(x-8)^2 - 6 = 0$

(8) $(x+3)^2 - 48 = 0$

得点UP

**1** (1) $a$ が正の数のとき，$x^2 = a$ の解は，平方根の考えから，$x = \pm\sqrt{a}$ となることを利用する。

**2** (1)かっこの中をひとまとまりのものとみて，**1**の考え方を使って解く。

$(x+a)^2 = b$ の形に変形する解き方

点

合格点：**80** 点／100 点

**1** 次の□にあてはまる数を求めなさい。 (10点×4)

(1) $x^2+6x+□=(x+□)^2$

(2) $x^2-4x+□=(x-□)^2$

(3) $x^2-10x+□=(x-□)^2$

(4) $x^2+12x+□=(x+□)^2$

**2** 次の方程式を，$(x+a)^2=b$ の形に変形して解きなさい。 (10点×6)

(1) $x^2+4x-3=0$

(2) $x^2-6x+4=0$

(3) $x^2-8x+2=0$

(4) $x^2+10x-7=0$

(5) $x^2-14x-1=0$

(6) $x^2+16x+52=0$

得点UP

**1** (1)公式 $x^2+2ax+a^2=(x+a)^2$ を利用する。$x$ の係数の半分の2乗を加えると，左辺を因数分解できる。

**2** (1)まず，数の項を**右辺に移項**し，左辺を $(x+a)^2$ の形にするために，$x$ の係数の半分の2乗を両辺に加える。

# 解の公式の利用

**1** 次の方程式を，解の公式を使って解きなさい。　　　　　　　　　（10点×6）

(1)　$2x^2+5x+1=0$

(2)　$x^2+3x-5=0$

(3)　$x^2+9x+6=0$

(4)　$4x^2+x-2=0$

(5)　$7x^2-3x-1=0$

(6)　$3x^2-7x+3=0$

**2** 次の方程式を，解の公式を使って解きなさい。　　　　　　　　　（10点×4）

(1)　$5x^2-7x+2=0$

(2)　$2x^2-5x-7=0$

(3)　$3x^2-4x-5=0$

(4)　$2x^2+6x-3=0$

得点UP

**1** 2次方程式 $ax^2+bx+c=0$ の解の公式 $x=\dfrac{-b\pm\sqrt{b^2-4ac}}{2a}$ に，$a$，$b$，$c$ の値を代入して求める。

**2** (1)**根号内の計算に注意する。**根号の中を計算すると，**根号のない数に直せる。**　(3)**答えの約分に注意する。**

4　2次方程式

# 因数分解を利用した解き方

**1** 次の方程式を解きなさい。 (6点×4)

(1) $(x-2)(x+3)=0$

(2) $(x+6)(x+9)=0$

(3) $x(x-4)=0$

(4) $(x+2)(2x-5)=0$

**2** 次の方程式を解きなさい。 (7点×4)

(1) $x^2+9x+14=0$

(2) $x^2-11x-60=0$

(3) $x^2-12x+36=0$

(4) $x^2+18x+81=0$

**3** 次の方程式を解きなさい。 (8点×6)

(1) $x(x+4)=5x+42$

(2) $(x-2)(x+5)=30$

(3) $(x+9)(x-2)=4x$

(4) $(x-3)^2=x+9$

(5) $3x^2+30x+63=0$

(6) $-2x^2-4x+96=0$

得点UP

**1** ⑴ $AB=0$ ならば，$A=0$ または $B=0$ を利用して解く。 **2** ⑴左辺を因数分解してから解く。

**3** ⑴左辺を展開して，（2次式）＝0の形に整理してから解く。 ⑸まず，$x^2$ の係数で両辺をわり，$x^2$ の係数を1にする。

# いろいろな2次方程式

**1** 次の方程式を解きなさい。 (10点×6)

 (1) $2x^2 = 3x + 1$

(2) $x^2 - 20x = 50$

(3) $4x^2 + 3x + 2 = x^2 + 15x$

 (4) $x^2 + x + \dfrac{1}{5} = 0$

(5) $x^2 + \dfrac{x}{3} - \dfrac{2}{3} = 0$

(6) $x^2 - \dfrac{5}{6}x - \dfrac{1}{6} = 0$

**2** 次の方程式を解きなさい。 (10点×4)

(1) $x(2x + 1) = 5$

(2) $(4 - x)^2 = 12x$

(3) $(x + 1)(x + 3) = 10$

(4) $(x + 1)(x - 2) = 2$

---

**得点UP**

**1** (1)移項して，$ax^2 + bx + c = 0$ の形に整理する。 (4)両辺に 5 をかけて，分母をはらう。

**2** まず，かっこをはずし，右辺の項を左辺に移項することを考える。

## 4  2次方程式

# 2次方程式の利用

月　　　日

点

合格点：**80** 点／100 点

**1**　2次方程式 $x^2+ax-36=0$ の1つの解が9のとき，次の問いに答えなさい。

(20点×2)

(1)　$a$ の値を求めなさい。

(2)　もう1つの解を求めなさい。

**2**　大小2つの正の整数があって，その差は8で，積は84であるという。この2つの数を求めたい。次の問いに答えなさい。

(20点×2)

(1)　小さいほうの数を $x$ として，方程式をつくりなさい。

(2)　この2つの数を求めなさい。

**3**　ある数 $x$ から6をひいて2乗するところを，$x$ から6をひいて2倍してしまった。しかし，結果は同じになった。$x$ の値をすべて求めなさい。

(20点)

得点UP

**1** (1) $x=9$ を**方程式に代入**して，$a$ について解く。　(2)(1)で求めた $a$ の値を**方程式に代入**して，それを解く。
**2** (1)小さいほうの数を $x$ とすると，大きいほうの数は $x+8$ と表せる。　(2)求める数は**正の整数**であることに注意。

START ○──●──○──○──●──○　　　　　　　　　GOAL

# まとめテスト④

**1** 次の方程式を解きなさい。 (8点×6)

(1) $(x-3)(x+6)=0$

(2) $x^2+5x-36=0$

(3) $x^2+10x+21=0$

(4) $x^2-15x=0$

(5) $x^2-10x+25=0$

(6) $x^2+16x+64=0$

**2** 次の方程式を解きなさい。 (8点×4)

(1) $x^2-3=0$

(2) $(x+2)^2-8=0$

(3) $x^2+4x-1=0$

(4) $3x^2-9x+2=0$

**3** 2次方程式 $x^2+ax-2(3a+2)=0$ の1つの解が4のとき，次の問いに答えなさい。 (10点×2)

(1) $a$ の値を求めなさい。

(2) もう1つの解を求めなさい。

# 関数 $y=ax^2$

**1** $y$ は $x$ の 2 乗に比例し，$x=4$ のとき $y=32$ である。次の問いに答えなさい。

(16点×2)

(1) $y$ を $x$ の式で表しなさい。

(2) $x=-3$ のときの $y$ の値を求めなさい。

**2** $y$ は $x$ の 2 乗に比例し，$x=3$ のとき $y=-27$ である。次の問いに答えなさい。

(16点×2)

(1) $y$ を $x$ の式で表しなさい。

(2) $x=-5$ のときの $y$ の値を求めなさい。

**3** 次の問いに答えなさい。

(18点×2)

(1) $y$ は $x$ の 2 乗に比例し，$x=4$ のとき $y=12$ である。$x=8$ のときの $y$ の値を求めなさい。

(2) $y$ は $x$ の 2 乗に比例し，$x=-3$ のとき $y=-6$ である。$x=-6$ のときの $y$ の値を求めなさい。

得点UP

**1** (1) $y$ は $x$ の 2 乗に比例するから，$y=ax^2$ とおける。これに対応する $x$，$y$ の値を代入して，$a$ の値を求める。

**3** (1) $y=ax^2$ に対応する $x$，$y$ の値を代入して，まず，$a$ の値を求める。

# 関数 $y = ax^2$ の値の変化

**1** 関数 $y = 4x^2$ について，$x$ の変域が次のときの $y$ の変域を求めなさい。 (16点×2)

(1)　$2 \leqq x \leqq 4$

(2)　$-1 \leqq x \leqq 3$

**2** 関数 $y = 2x^2$ について，$x$ が次のように増加するときの変化の割合を求めなさい。
(16点×2)

(1)　1 から 4 まで

(2)　$-6$ から $-3$ まで

**3** 次の問いに答えなさい。
(18点×2)

(1)　関数 $y = ax^2$ で，$x$ が 3 から 7 まで増加するときの変化の割合は $-20$ である。$a$ の値を求めなさい。

(2)　2 つの関数 $y = -3x + 9$ と $y = x^2$ は，$x$ が $a$ から $a+5$ まで増加するときの変化の割合が等しいという。$a$ の値を求めなさい。

---

**得点UP**

**2** (1)(変化の割合)＝($y$ の増加量)÷($x$ の増加量)である。
**3** (1)変化の割合を，$a$ を使った式で表す。(2)1 次関数 $y = ax + b$ の変化の割合は**一定**で，$x$ の係数 $a$ に等しい。

# 関数 $y=ax^2$ の応用

**1** 右の図の曲線は，2点 A，B を通る $y=ax^2$ のグラフであり，点 A の座標は$(-2,\ 2)$，点 B の $x$ 座標は 4 である。次の問いに答えなさい。　(16点×4)

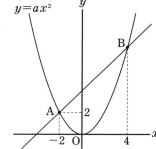

(1)　$a$ の値を求めなさい。

(2)　点 B の $y$ 座標を求めなさい。

(3)　2点 A，B を通る直線の式を求めなさい。

(4)　△OAB の面積を求めなさい。

**2** 走っている電車が，急ブレーキをかけて，ブレーキがきき始めてから止まるまでに進む距離は，速さの2乗に比例するという。時速60km で走っているときに，ブレーキがきき始めてから止まるまでの距離を150m として，次の問いに答えなさい。　(18点×2)

(1)　時速 $x$km で走っている電車が，ブレーキがきき始めてから止まるまでの距離を $y$m として，$y$ を $x$ の式で表しなさい。

(2)　あるとき，ブレーキがきき始めてから止まるまでに，216m 走ってしまった。電車の速さは時速何 km でしたか。

得点UP

**①**　(1) A$(-2,2)$は $y=ax^2$ のグラフ上の点である。　(4)ABと $y$ 軸との交点をCとすると，△OAB＝△AOC＋△BOC

**②**　(1)式を $y=ax^2$ とおいて，$x=60$，$y=150$ を代入して $a$ の値を求める。

5 関数 $y=ax^2$

# まとめテスト⑤

点

合格点：**76** 点／100点

**1** $y$ は $x$ の 2 乗に比例し，$x=4$ のとき $y=24$ である。次の問いに答えなさい。

(12点×2)

(1) $y$ を $x$ の式で表しなさい。

(2) $x=-6$ のときの $y$ の値を求めなさい。

**2** 次の関数について，$x$ の変域が $-2 \leqq x \leqq 4$ のときの $y$ の変域を求めなさい。

(12点×2)

(1) $y=3x^2$          (2) $y=-\dfrac{3}{4}x^2$

**3** 次の関数について，$x$ が $-6$ から $-3$ まで増加するときの変化の割合を求めなさい。

(12点×2)

(1) $y=-2x^2$          (2) $y=\dfrac{2}{3}x^2$

**4** 次の問いに答えなさい。

(14点×2)

(1) 関数 $y=ax^2$ で，$x$ の変域が $-2 \leqq x \leqq 3$ のとき，$y$ の変域は $-12 \leqq y \leqq 0$ である。$a$ の値を求めなさい。

(2) 関数 $y=ax^2$ で，$x$ が $-5$ から $-2$ まで増加したときの変化の割合は $-28$ である。$a$ の値を求めなさい。

**1** 右の図で，四角形 ABCD∽四角形 EFGH である。次の問いに答えなさい。(12点×3)

(1) 四角形 ABCD と四角形EFGH の相似比(じひ)を求めなさい。

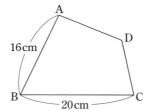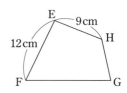

(2) 辺 AD，FG の長さをそれぞれ求めなさい。

**2** 次の図で，$x$ の値を求めなさい。 (16点×4)

(1)

(2)
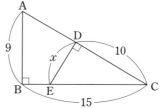

(3)

(4)
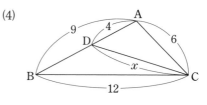

得点UP

❶ (1)辺 AB に辺 EF が対応している。 (2)相似な図形の対応する辺の比は，相似比に等しい。
❷ (1)まず，三角形の相似条件から，2つの三角形が相似かどうかを調べ，対応する辺の比が等しいことを利用。

START ○──○──○──○──○──○──○    ○──○ GOAL

6 相似な図形

# 相似の利用

**1** 池をはさんだ2地点A，B間の距離を求めるために，適当な地点Cを決め，点Cから2点A，Bまでの距離と∠ACBの角度をはかった。そして，右のような△ABCの$\frac{1}{500}$の縮図△A′B′C′をかいて，A′B′の長さをはかったところ，約4.2cmであった。2点A，B間の距離を求めなさい。 (30点)

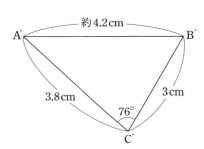

**2** 右の図のように，垂直に立っている高さ1mの棒ABの影BCの長さが60cmのとき，木の影EFの長さをはかったら，5.1mであった。この木の高さを求めなさい。 (30点)

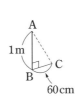
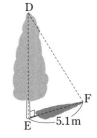

**3** 右の図のように，垂直に立っている高さ1mの棒ABの影BCの長さが70cmのとき，電柱の影EFの長さは5.6m，FGの長さは0.6mであった。この電柱の高さを求めなさい。ただし，EF⊥GFとする。 (40点)

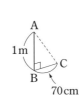
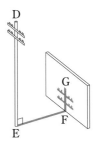

得点UP
**1** A，B間の距離は A′B′の長さの500倍。 **2** 同じ時刻に地面に垂直に立っているものの高さと影の長さの比は一定。
**3** 電柱の高さを $x$ m とすると，高さ $x-0.6$（m）に対する影の長さが5.6m になる。

# 三角形と比

**1** 次の図で，DE∥BC とするとき，$x, y$ の値を求めなさい。 (12点×4)

(1)
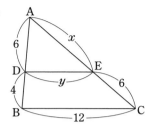

(2)
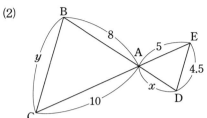

**2** 右の図の△ABC で，DE∥BC，FE∥DC のとき，次の問いに答えなさい。 (12点×2)

(1) AE：AC の比を最も簡単な整数の比で表しなさい。

(2) AF の長さを求めなさい。

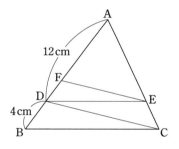

**3** 右の図の四角形 ABCD は，AD∥BC の台形である。辺 AB の中点を E とし，E から辺 BC に平行な直線をひき，AC，CD との交点をそれぞれ F，G とする。このとき，EF，EG の長さを求めなさい。 (14点×2)

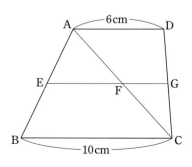

得点UP　**1** (1)三角形と比の定理 DE∥BC ならば，AD：AB＝AE：AC＝DE：BC，AD：DB＝AE：EC を使う。　**2** (2)△ADC で三角形と比の定理を使う。　**3** △ABC と△CAD で，それぞれ中点連結定理を使う。

### 6 相似な図形
# 平行線と比

**1** 次の図で，$\ell \parallel m \parallel n$ であるとき，$x$ の値を求めなさい。　(15点×4)

(1)
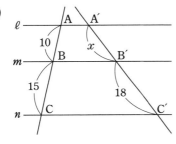

(2)
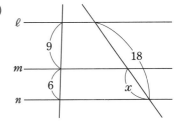

(3)
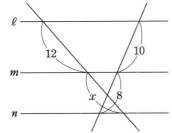

(4)
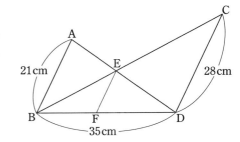

**2** 右の図で，AB ∥ EF ∥ CD であるとき，EF，FD の長さをそれぞれ求めなさい。　(20点×2)

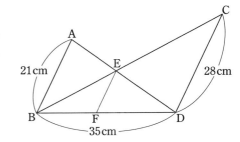

得点UP

❶ (1)平行線と比の定理 $\ell \parallel m \parallel n$ ならば，AB：BC＝A′B′：B′C′ を使う。

❷ AB ∥ CD だから，BE：EC＝AB：CD　△BCD で，三角形と比の定理を使う。

START ○────○────○────○────○────○────○────○ GOAL

# 相似な図形の面積比・体積比

**1** 右の図は，AD∥BC の台形である。AD：BC＝
3：4 で，△OAD の面積が36cm² のとき，次の問
いに答えなさい。　　　　　　　　　　（14点×3）

(1)　△OBC の面積を求めなさい。

(2)　△AOB の面積を求めなさい。

(3)　台形 ABCD の面積を求めなさい。

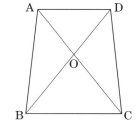

**2** 右の図のような円錐形の容器がある。この容器に
4 cm の深さまで水を入れたとき，次の問いに答
えなさい。ただし，円周率は π とする。　（14点×3）

(1)　水面の円の直径を求めなさい。

(2)　この水の体積と容器の容積の比を最も簡単な
　　整数の比で表しなさい。

(3)　この容器には，あと何 cm³ の水がはいりますか。

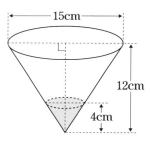

**3** 相似な 2 つの直方体 A，B があり，それぞれの表面積は160cm² と490cm² で
ある。A の体積が128cm³ のとき，B の体積を求めなさい。　　　　　　（16点）

得点UP

**1**　(2)高さが等しい三角形の面積の比は，**底辺の長さの比**に等しい。
**3**　相似な 2 つの直方体の**表面積の比**から，まず，相似比を求める。

# まとめテスト⑥

**1** 右の図で，$x$ の値を求めなさい。　(18点)

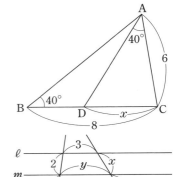

**2** 右の図で，$\ell /\!/ m /\!/ n$ であるとき，$x$，$y$ の値を求めなさい。　(16点×2)

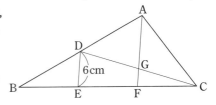

**3** 右の図の△ABC で，辺 AB の中点を D，辺 BC を 3 等分する点を E，F とし，AF と CD の交点を G とする。DE＝6cm のとき，AG の長さを求めなさい。　(18点)

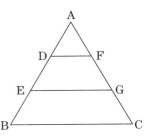

**4** 右の図の△ABC は正三角形で，点 D，E および F，G は，それぞれ辺 AB，AC の三等分点である。次の問いに答えなさい。　(16点×2)

(1)　△ADF の面積を $a$ とするとき，△ABC の面積を，$a$ を用いて表しなさい。

(2)　台形 DEGF と台形 EBCG の面積比を求めなさい。

# 円周角の定理

**1** 次の図で，∠$x$ の大きさを求めなさい。 (16点×4)

(1)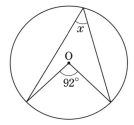

(2)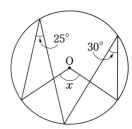

(3)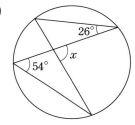

(4)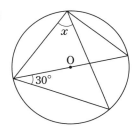

**2** 次の図で，$\overparen{AB} = \overparen{CD}$ のとき，∠$x$ の大きさを求めなさい。 (18点×2)

(1)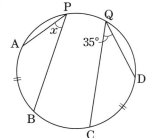

(2)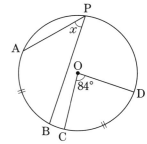

得点UP

**1** (1) 1つの弧に対する円周角の大きさは**一定**で，その弧に対する**中心角の半分**である。

**2** (1) 1つの円で，等しい弧に対する円周角は等しい。

# まとめテスト⑦

**1** 次の図で，∠x の大きさを求めなさい。　　　　　　　　　　（12点×3）

(1)
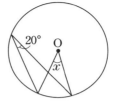

(2)
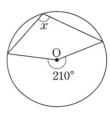

(3)
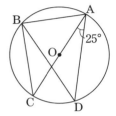

**2** 右の図で，O は円の中心，∠CAD＝25°である。次の
問いに答えなさい。　　　　　　　　　　（16点×2）

(1)　∠ABC の大きさを求めなさい。

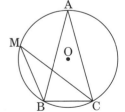

(2)　∠ABD の大きさを求めなさい。

**3** 右の図で，△ABC は AB＝AC の二等辺三角形で，3 頂
点は半径 6 cm の円 O の円周上にある。点 C をふくま
ないほうの $\overset{\frown}{AB}$ を 2 等分する点を M とするとき，次
の問いに答えなさい。ただし，円周率は π とする。

（16点×2）

(1)　∠BAC＝30°のとき，小さいほうの $\overset{\frown}{BC}$ の長さを
求めなさい。

(2)　∠BAC＝40°のとき，∠ACM の大きさを求めなさい。

# 三平方の定理

**1** 次の図の直角三角形で，$x$ の値を求めなさい。 　　　　　(15点×4)

(1)

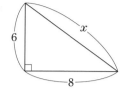

(2)

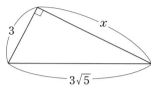

(3)

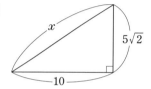

(4)

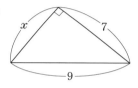

**2** 右の図で，$x$ の値を求めなさい。 　　　　(20点)

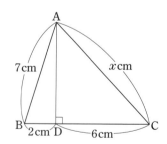

**3** 次の長さを3辺とする三角形のうち，直角三角形はどれですか。すべて選び，記号で答えなさい。

　　　　　　　　　　　　　　　　　　　　(20点)

**ア.** 4 cm, 6 cm, 8 cm

**イ.** 12cm, 13cm, 5 cm

**ウ.** $\sqrt{2}$ cm, $2\sqrt{3}$ cm, $\sqrt{14}$cm

**エ.** $\sqrt{15}$cm, $2\sqrt{10}$cm, $3\sqrt{3}$ cm

得点UP

**①** 三平方の定理 $a^2+b^2=c^2$（$c$ は斜辺の長さ）を使う。　**②** 2つの直角三角形で**三平方の定理**を使う。
**③** **三平方の定理の逆**を利用して，$a^2+b^2=c^2$ が成り立つかどうかを調べる。

# 平面図形への利用

**1** 次の図形の対角線の長さを求めなさい。　　　　　　　　　　　　（16点×2）

(1)　1辺が5cmの正方形

(2)　となり合う2辺の長さが9cm，12cmの長方形

**2** 次の図形の面積を求めなさい。　　　　　　　　　　　　　　　　（18点×2）

(1)　1辺が8cmの正三角形の面積

(2)　右の図のような二等辺三角形 ABC の面積

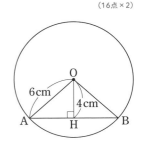

**3** 次の問いに答えなさい。　　　　　　　　　　　　　　　　　　　（16点×2）

(1)　半径6cmの円 O で，中心からの距離が4cmである弦 AB の長さを求めなさい。

(2)　2点 A(5, 1)，B(9, −1) の間の距離を求めなさい。

得点UP

❷ (2)頂点 A から底辺 BC に垂線 AH をひき，まず，AH の長さを求める。

❸ (2)2点 A($x_1$, $y_1$)，B($x_2$, $y_2$) の間の距離は，$\sqrt{(x_2-x_1)^2+(y_2-y_1)^2}$ で求められる。

8　三平方の定理

# 空間図形への利用

合格点：**72** 点／100 点

点

**1** 次の立体の対角線の長さを求めなさい。 (14点×2)

(1) 縦2cm，横6cm，高さ3cmの直方体

(2) 1辺の長さが7cmの立方体

**2** 右の展開図で表せる円錐について，次の問いに答えなさい。 (15点×2)

(1) 底面の円の半径を求めなさい。

(2) この円錐の高さを求めなさい。

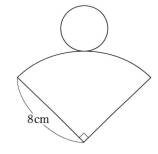

8cm

**3** 右の図のような底面が1辺6cmの正方形で，他の辺も6cmの正四角錐がある。底面の正方形の対角線の交点をHとして，次の問いに答えなさい。 (14点×3)

(1) AHの長さを求めなさい。

(2) OHの長さを求めなさい。

(3) この正四角錐の体積を求めなさい。

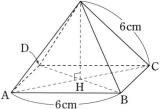

O
6cm
D
C
H
A　6cm　B

得点UP

**2** (2)底面の円の半径と**母線の長さ**から，三平方の定理を利用して，**円錐の高さ**を求める。
**3** (1)底面の正方形の**対角線 AC** の長さから，AH の長さを求める。　(2)△OAH で**三平方の定理**を使う。

# まとめテスト⑧

**1** 次の図の直角三角形で，$x$ の値を求めなさい。　　　　（16点×2）

(1)

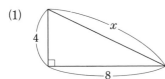

(2)

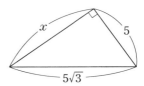

**2** 右の図の△ABC は，∠C＝90° の直角三角形で，点 D は辺 BC の中点である。辺 AC，AB の長さをそれぞれ求めなさい。　　　（16点×2）

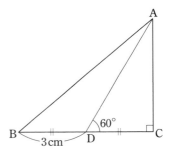

**3** 右の図のような 1 辺が 4 cm の立方体を，A，C，F を通る平面で切ったとき，切り口の面の面積を求めなさい。　　　（18点）

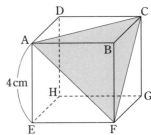

**4** 右の図のような底面の半径が 6 cm，母線の長さが 8 cm の円錐の体積を求めなさい。ただし，円周率は π とする。　　　（18点）

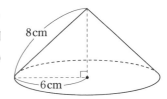

月　　日

点

合格点：**70** 点／100 点

# 標本調査

**1** アイスクリーム工場で，1時間ごとに10個のアイスクリームを取り出し，乳脂肪（にゅうしぼう）の含有率（がんゆうりつ）を調べた。1日7回検査した結果を示した下の表から，このアイスクリームの乳脂肪の含有率を推定しなさい。ただし，四捨五入して小数第1位まで求めること。 (30点)

| 回 | 1 | 2 | 3 | 4 | 5 | 6 | 7 |
|---|---|---|---|---|---|---|---|
| 含有率(%) | 12.25 | 11.95 | 12.05 | 11.80 | 11.90 | 12.00 | 12.05 |

**2** 赤玉と白玉が合わせて200個はいっている袋から，無作為（むさくい）に12個の玉を取り出したとき，赤玉が3個，白玉が9個であった。この袋の中の赤玉の個数を推定しなさい。 (35点)

**3** ある池に魚が放してある。あみですくい出したところ124匹とれ，これに全部印をつけ池の中にもどした。数日後ふたたびあみですくったら282匹とれ，そのうち36匹に印がついていた。この池には何匹の魚が放してあると考えられるか，一の位を四捨五入して十の位まで求めなさい。 (35点)

得点UP

**1** 7回の含有率を標本と考えて，**標本平均から母集団の平均を推定**する。
**2** 標本の中の赤玉の割合は，**母集団でもほぼ等しい**。

START ○――○――○――○――○――○――○――○――○ GOAL

# 近似値

合格点：**80**点／100点

**1** ある品物の重さを，最小のめもりが10gのはかりではかったところ，測定値は3860gだった。次の問いに答えなさい。 (10点×3)

(1) 有効数字を答えなさい。

(2) 真の値を$a$gとするとき，$a$の値の範囲を不等号を使って表しなさい。

(3) 誤差の絶対値は何g以下になるか求めなさい。

**2** 次のような測定値を得たとき，真の値$a$はどんな範囲にあると考えられるか。$a$の値の範囲を不等号を使って表しなさい。 (10点×2)

(1) 1.4L

(2) 4.90km

**3** 次の測定値は，それぞれ何の位まで測定したものか答えなさい。 (10点×2)

(1) $2.8 \times 10^2$m

(2) $7.20 \times 10^4$g

**4** 次の近似値の有効数字が（　）内のけた数であるとき，それぞれの近似値を，(整数部分が1けたの数)×(10の累乗)の形で表しなさい。 (10点×3)

(1) 9500g（2けた）

(2) 1357000km（4けた）

(3) 26380m²（3けた）

✎ 得点UP　**1** (3)誤差＝近似値−真の値
**4** (3)有効数字を2，6，3と考えてはいけない。まず，四捨五入して百の位までの数で表す。

# まとめテスト⑨

**1** ある中学校の３年生の男子124人の中から無作為に選んだ20人の体重を調べたら，次のようであった。（単位は kg）

38.2　51.3　54.2　47.5　48.8　61.0　49.7　44.1　58.0　42.2
64.3　54.9　41.3　46.4　50.2　45.0　45.8　56.5　47.2　39.4

これから，この中学校の３年生男子の体重の平均を推定しなさい。　(20点)

**2** ある工場で製造された製品から400個を無作為に抽出して調べたところ，不良品が２個あった。この工場で製造された5000個の製品のうち不良品はおよそ何個ふくまれていると考えられるか。　(20点)

**3** 次のような測定値を得たとき，真の値 $a$ はどんな範囲にあると考えられるか。$a$ の値の範囲を不等号を使って表しなさい。また，誤差の絶対値はいくつ以下になるか答えなさい。　(5点×4)

(1)　625 mL　　　　　　　　　　(2)　5.8 m

**4** 次の近似値の有効数字が（　）内のけた数であるとき，それぞれの近似値を，
（整数部分が１けたの数）×（10の累乗）の形で表しなさい。　(10点×4)

(1)　2640 kg（３けた）　　　　　(2)　97500 m（４けた）

(3)　528400 g（３けた）　　　　 (4)　37615000 km（４けた）

## 総復習テスト①

**1** 次の式を展開しなさい。 (4点×4)

(1) $(x+3)(x+8)$

(2) $(y-10)^2$

(3) $(-a+6)^2$

(4) $(3+m)(m-3)$

**2** 次の式を因数分解しなさい。 (4点×4)

(1) $x^2+12x+27$

(2) $x^2-x-72$

(3) $2a^2-18$

(4) $-y^2-18y-81$

**3** 次の計算をしなさい。 (4点×4)

(1) $\sqrt{18}-\sqrt{50}+\sqrt{8}$

(2) $\sqrt{40}-\dfrac{5\sqrt{2}}{\sqrt{5}}$

(3) $(\sqrt{3}-4)^2$

(4) $(\sqrt{5}+\sqrt{7})(\sqrt{5}-\sqrt{7})$

**4** 次の方程式を解きなさい。 (4点×4)

(1) $x^2-5x=0$

(2) $x^2-10x-24=0$

(3) $x^2-16x+64=0$

(4) $x^2+7x-1=0$

裏面へ

**5** 次の問いに答えなさい。　　　　　　　　　　　　　　　　　　　　　　　(4点×3)

(1) 関数 $y = ax^2$ で，$x$ の変域が $-2 \leqq x \leqq 4$ のとき，$y$ の変域は $0 \leqq y \leqq 24$ である。$a$ の値を求めなさい。

(2) 次の関数について，$x$ が $2$ から $4$ まで増加するときの変化の割合をそれぞれ求めなさい。

① $y = \dfrac{1}{4}x^2$ 　　　　　　　　　② $y = -\dfrac{5}{2}x^2$

**6** 次の図で，$x$，$y$ の値を求めなさい。　　　　　　　　　　　　　　　(4点×3)

(1) DE // BC 　　　　　　　　　　　　(2) $\ell$ // $m$ // $n$

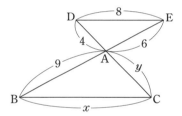
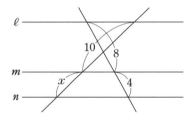

**7** 右の展開図で表せる円錐について，次の問いに答えなさい。ただし，円周率は $\pi$ とする。　(6点×2)

(1) 側面のおうぎ形の半径を求めなさい。

(2) この円錐の体積を求めなさい。

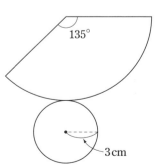

# 総復習テスト②

**1** 次の式を展開しなさい。 (4点×4)

(1) $(x+8)(x-9)$

(2) $(2a-3)^2$

(3) $(3m-7)(3m+7)$

(4) $(a+8b)(a-5b)$

**2** 次の式を因数分解しなさい。 (4点×4)

(1) $x^2-x-56$

(2) $a^2+19a-42$

(3) $4a^2-9b^2$

(4) $-3x^2+24x-48$

**3** 次の計算をしなさい。 (4点×4)

(1) $7\sqrt{3}+\sqrt{75}-3\sqrt{48}$

(2) $\sqrt{96}-2\sqrt{6}+\dfrac{9\sqrt{2}}{\sqrt{3}}$

(3) $(\sqrt{5}-4)(\sqrt{5}+6)$

(4) $(2\sqrt{3}-\sqrt{2})^2$

**4** 次の方程式を解きなさい。 (4点×4)

(1) $(x+4)^2-27=0$

(2) $x^2+15x+54=0$

(3) $x^2-14x+49=0$

(4) $x^2+2x-4=0$

裏面へ

**5** 次の問いに答えなさい。

(1) $y$ は $x$ の 2 乗に比例し，$x=3$ のとき $y=12$ である。$x=-6$ のときの $y$ の値を求めなさい。

(2) 関数 $y=-2x^2$ について，$x$ の変域が $-2 \leqq x \leqq 4$ のときの $y$ の変域を求めなさい。

**6** 次の図で，$\angle x$，$\angle y$ の大きさを求めなさい。

(1)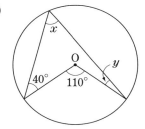

(2)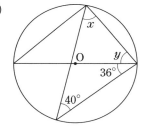

**7** 右の図の平行四辺形 ABCD について，次の問いに答えなさい。

(1) この平行四辺形の面積を求めなさい。

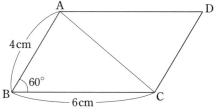

(2) 対角線 AC の長さを求めなさい。

# 計算 中3 解答編 ANSWERS

## No.01 多項式と単項式の乗除

**❶** (1) $2a^2+10ab$　　(2) $-12x^2+16xy$
(3) $-7xy+y^2$　　(4) $6a^2-12a$
(5) $3a^2-6ab-9ac$
(6) $-20x^2-15xy+10x$

**❷** (1) $4a+3$　　(2) $4x-5x^2$
(3) $-xy+y^2+y$　　(4) $24a-12b$

**❸** (1) $5x^2-x$　　(2) $-6a^2-2ab$
(3) $4x^2-29x$　　(4) $-a^2$

**解説**

**❶** (1) $2a(a+5b)=2a\times a+2a\times 5b$
$=2a^2+10ab$
(6) $(4x+3y-2)\times(-5x)$
$=4x\times(-5x)+3y\times(-5x)-2\times(-5x)$
$=-20x^2-15xy+10x$

**❷** (1) $(8a^2+6a)\div 2a=(8a^2+6a)\times\dfrac{1}{2a}$
$=\dfrac{8a^2}{2a}+\dfrac{6a}{2a}=4a+3$
(4) $(18a^2b-9ab^2)\div\dfrac{3}{4}ab$
$=(18a^2b-9ab^2)\times\dfrac{4}{3ab}$
$=\dfrac{18a^2b\times 4}{3ab}-\dfrac{9ab^2\times 4}{3ab}=24a-12b$

**❸** (1) $3x(x-3)+2x(x+4)$
$=3x^2-9x+2x^2+8x=5x^2-x$

## No.02 多項式の乗法

**❶** (1) $xy+4x+3y+12$　(2) $ab-ay+bx-xy$
(3) $ab+6a-5b-30$　(4) $2xy-14x-3y+21$

**❷** (1) $2x^2+11x+12$　　(2) $3y^2+13y-10$
(3) $3a^2-5ab-2b^2$　(4) $8x^2-22xy+5y^2$

**❸** (1) $a^2+3ab-2a+6b-8$
(2) $2x^2+5xy+x-3y^2+3y$
(3) $20x^2-10xy+11x+2y-3$
(4) $12a^2-ab-20a-6b^2+15b$

**解説**

**❷** (1) $(2x+3)(x+4)=2x^2+8x+3x+12$
$=2x^2+11x+12$

**❸** (1) $(a+2)(a+3b-4)$
$=a(a+3b-4)+2(a+3b-4)$
$=a^2+3ab-4a+2a+6b-8$
$=a^2+3ab-2a+6b-8$

## No.03 乗法公式(1)

**❶** (1) $x^2+9x+20$　　(2) $x^2+5x-24$
(3) $x^2-13x+36$　　(4) $y^2-y-42$
(5) $a^2-7a-18$　　(6) $m^2+13m+30$
(7) $x^2-x+\dfrac{3}{16}$　　(8) $a^2+\dfrac{1}{6}a-\dfrac{5}{9}$

**❷** (1) $x^2+3x-40$　　(2) $x^2+13x+42$
(3) $a^2-5a-36$　　(4) $y^2+2y-80$

**解説**

**❶** (1) $(x+4)(x+5)=x^2+(4+5)x+4\times 5$
$=x^2+9x+20$
(4) $(y-7)(y+6)=y^2+\{(-7)+6\}y$
$+(-7)\times 6=y^2-y-42$

**❷** (3) $(a+4)(-9+a)=(a+4)(a-9)$
$=a^2+\{4+(-9)\}a+4\times(-9)$
$=a^2-5a-36$

## No.04 乗法公式(2)

**❶** (1) $x^2+8x+16$　　(2) $x^2+14x+49$
(3) $y^2+10y+25$　　(4) $x^2-6x+9$
(5) $a^2-18a+81$　　(6) $y^2-2y+1$
(7) $x^2+3x+\dfrac{9}{4}$　　(8) $a^2-\dfrac{1}{2}a+\dfrac{1}{16}$

**❷** (1) $64+16x+x^2$　　(2) $49-14a+a^2$
(3) $16-8x+x^2$　　(4) $y^2-4y+4$

**解説**

**❶** (1) $(x+4)^2=x^2+2\times 4\times x+4^2$
$=x^2+8x+16$

ANSWERS

01

(4) $(x-3)^2=x^2-2\times3\times x+3^2$
　　$=x^2-6x+9$

❷(1) $(8+x)^2=8^2+2\times x\times8+x^2$
　　$=64+16x+x^2$

$\boxed{\text{別解}}$ 項を入れかえて展開してもよい。
　　$(8+x)^2=(x+8)^2=x^2+2\times8\times x+8^2$
　$=x^2+16x+64$

(4) $(-y+2)^2=(-y)^2+2\times2\times(-y)+2^2$
　　$=y^2-4y+4$

---

## No. 05 乗法公式(3)

❶(1) $x^2-25$　(2) $x^2-49$　(3) $a^2-81$
　(4) $y^2-9$　(5) $m^2-1$　(6) $p^2-64$
　(7) $x^2-\dfrac{1}{36}$　(8) $y^2-\dfrac{4}{9}$

❷(1) $16-x^2$　(2) $49-y^2$　(3) $x^2-4$
　(4) $a^2-36$

$\boxed{\text{解説}}$
❶(1) $(x+5)(x-5)=x^2-5^2=x^2-25$
　(7) $\left(x+\dfrac{1}{6}\right)\left(x-\dfrac{1}{6}\right)=x^2-\left(\dfrac{1}{6}\right)^2=x^2-\dfrac{1}{36}$
❷(3) $(2+x)(x-2)=(x+2)(x-2)$
　　$=x^2-2^2=x^2-4$
　(4) $(-a-6)(-a+6)=(-a)^2-6^2$
　　$=a^2-36$

---

## No. 06 いろいろな式の展開

❶(1) $4x^2+16x+15$　(2) $9a^2+3a-20$
　(3) $x^2-2xy-63y^2$　(4) $\dfrac{a^2}{9}-a-40$
　(5) $16a^2+24a+9$　(6) $9x^2-30xy+25y^2$
　(7) $49a^2-36$　(8) $16x^2-9y^2$

❷(1) $x^2-2xy+y^2+x-y-12$
　(2) $x^2+2xy+y^2-10x-10y+25$

$\boxed{\text{解説}}$
❶(1) 公式 $(x+a)(x+b)=x^2+(a+b)x+ab$
　を利用する。
　　$(2x+3)(2x+5)=(2x)^2+(3+5)\times2x+3\times5$
　$=4x^2+16x+15$
　(5) 公式 $(x+a)^2=x^2+2ax+a^2$ を利用する。
　　$(4a+3)^2=(4a)^2+2\times3\times4a+3^2$

---

$=16a^2+24a+9$

(7) 公式 $(x+a)(x-a)=x^2-a^2$ を利用する。
　　$(7a+6)(7a-6)=(7a)^2-6^2=49a^2-36$

❷(1) $x-y=M$ とおく。
　　$(x-y-3)(x-y+4)$
　$=(M-3)(M+4)=M^2+M-12$
　$=(x-y)^2+(x-y)-12$
　$=x^2-2xy+y^2+x-y-12$

---

## No. 07 展開をふくむ式の計算

❶(1) $a^2-4a-20$　(2) $-x-11$
　(3) $2x+1$　(4) $2x^2+13x+15$
　(5) $4xy+26y^2$　(6) $3x^2-12x+13$

❷(1) $x^2+15x+46$　(2) $-a^2-12a-12$
　(3) $x^2+16x-9$　(4) $-x^2+5y^2$

$\boxed{\text{解説}}$
❶(2) $(x-5)(x+2)-(x-1)^2$
　　$=x^2-3x-10-(x^2-2x+1)$
　　$=x^2-3x-10-x^2+2x-1$
　　$=-x-11$

---

## No. 08 まとめテスト①

❶(1) $12a^2-8ab$　(2) $-5x+2y$
❷(1) $2x^2+9x-35$　(2) $a^2-2ab+a+6b-12$
　(3) $a^2+3a-10$　(4) $x^2+18x+81$
　(5) $m^2-14m+49$　(6) $y^2-36$
　(7) $4x^2-8xy-5y^2$　(8) $9a^2-24ab+16b^2$
❸(1) $2x^2+20x-59$　(2) $a^2+10a+40$

$\boxed{\text{解説}}$
❷(3) $(a+5)(a-2)$
　　$=a^2+\{5+(-2)\}a+5\times(-2)$
　　$=a^2+3a-10$
　(6) $(y-6)(y+6)=y^2-6^2=y^2-36$
　(7) $(2x-5y)(2x+y)$
　　$=(2x)^2+(-5y+y)\times2x+(-5y)\times y$
　　$=4x^2-8xy-5y^2$
❸(2) $4(a+2)^2-3(a+4)(a-2)$
　　$=4(a^2+4a+4)-3(a^2+2a-8)$
　　$=4a^2+16a+16-3a^2-6a+24$
　　$=a^2+10a+40$

**ANSWERS**

❶ (1) $2a(x+4y)$   (2) $2a(3b+2c-5d)$
  (3) $5a(2a-3b-1)$  (4) $3xy(3x-2y+5)$
❷ (1) $(x+2)(x+5)$   (2) $(x+4)(x-7)$
  (3) $(x-3)(x+6)$   (4) $(x-4)(x-9)$
  (5) $(y+3)(y-10)$  (6) $(a-7)(a+8)$
  (7) $(x+4)(x+12)$  (8) $(m-3)(m-14)$

解説
❶ (4) $9x^2y-6xy^2+15xy$
   $=3xy\times3x-3xy\times2y+3xy\times5$
   $=3xy(3x-2y+5)$
❷ (1) 積が10になる2数のうち，和が7になる
   ものは2と5だから，
   $x^2+7x+10=(x+2)(x+5)$
  (6) 積が$-56$になる2数のうち，和が1にな
   るものは$-7$と8だから，
   $a^2+a-56=(a-7)(a+8)$
  (8) 積が42になる2数のうち，和が$-17$にな
   るものは$-3$と$-14$だから，
   $m^2-17m+42=(m-3)(m-14)$

**No. 10** 因数分解⑵

❶ (1) $(x+4)^2$   (2) $(x+7)^2$   (3) $(a+3)^2$
  (4) $(y+6)^2$   (5) $(m+10)^2$
❷ (1) $(x-5)^2$   (2) $(x-2)^2$   (3) $(y-1)^2$
  (4) $(a-8)^2$   (5) $(t-12)^2$

解説
❶ (2) $x^2+14x+49=x^2+2\times7\times x+7^2$
   $=(x+7)^2$
❷ (5) $t^2-24t+144=t^2-2\times12\times t+12^2$
   $=(t-12)^2$

**No. 11** 因数分解⑶

❶ (1) $(x+4)(x-4)$   (2) $(x+7)(x-7)$
  (3) $(a+10)(a-10)$  (4) $(y+8)(y-8)$
  (5) $(m+3)(m-3)$
❷ (1) $(5+x)(5-x)$   (2) $(1+a)(1-a)$
  (3) $\left(x+\dfrac{1}{2}\right)\left(x-\dfrac{1}{2}\right)$  (4) $\left(y+\dfrac{2}{3}\right)\left(y-\dfrac{2}{3}\right)$

  (5) $\left(\dfrac{3}{5}+m\right)\left(\dfrac{3}{5}-m\right)$

解説
❶ (4) $y^2-64=y^2-8^2=(y+8)(y-8)$
❷ (1) $25-x^2=5^2-x^2=(5+x)(5-x)$
  (4) $y^2-\dfrac{4}{9}=y^2-\left(\dfrac{2}{3}\right)^2=\left(y+\dfrac{2}{3}\right)\left(y-\dfrac{2}{3}\right)$

**No. 12** 因数分解の利用

❶ (1) $(3x+2)^2$   (2) $(2a-7)^2$
  (3) $(x-5y)^2$   (4) $(6a+5b)(6a-5b)$
❷ (1) $3(x-3)(x+5)$  (2) $4y(x-3)^2$
  (3) $5b(3a+4c)(3a-4c)$  (4) $(x-1)(x-2)$
❸ (1) $-3400$   (2) $149$

解説
❶ (2) $4a^2-28a+49$
   $=(2a)^2-2\times7\times2a+7^2=(2a-7)^2$
  (4) $36a^2-25b^2=(6a)^2-(5b)^2$
   $=(6a+5b)(6a-5b)$
❷ (1) $3x^2+6x-45$
   $=3(x^2+2x-15)$
   $=3(x-3)(x+5)$
  (2) $4x^2y-24xy+36y$
   $=4y(x^2-6x+9)=4y(x-3)^2$
  (4) $x+1$ を $M$ とすると，
   $(x+1)^2-5(x+1)+6=M^2-5M+6$
   $=(M-2)(M-3)$
   $=\{(x+1)-2\}\{(x+1)-3\}$
   $=(x-1)(x-2)$
❸ 公式 $x^2-a^2=(x+a)(x-a)$ を利用する。
  (1) $33^2-67^2=(33+67)(33-67)$
   $=100\times(-34)=-3400$

**No. 13** まとめテスト②

❶ (1) $4x(x-6y)$   (2) $mn(7m-n)$
  (3) $(x+1)(x+12)$  (4) $(a+2)(a-14)$
  (5) $(y-3)^2$   (6) $(m+30)(m-30)$
  (7) $(2a-1)^2$   (8) $(9x+5y)(9x-5y)$
  (9) $2(x+5)(x-8)$  (10) $a(b+4)^2$
❷ (1) $-900$   (2) $2000$

**ANSWERS**

解説

❶(7) $4a^2-4a+1=(2a)^2-2\times1\times2a+1^2$

$=(2a-1)^2$

(9) $2x^2-6x-80=2(x^2-3x-40)$

$=2(x+5)(x-8)$

(10) $ab^2+8ab+16a=a(b^2+8b+16)$

$=a(b+4)^2$

❷(2) $105^2-95^2=(105+95)(105-95)$

$=200\times10=2000$

## No. 14 平方根

❶ (1) **$\pm6$** (2) **$\pm\frac{2}{3}$** (3) **$\pm0.2$**

❷ (1) **$\pm\sqrt{14}$** (2) **$\pm\sqrt{0.7}$** (3) **$\pm\sqrt{\frac{3}{5}}$**

❸ (1) **4** (2) **$-7$** (3) **5**

(4) **$\frac{2}{5}$** (5) **$-11$** (6) **17**

❹ (1) **$\sqrt{10}<\sqrt{13}$** (2) **$4>\sqrt{15}$**

(3) **$-\sqrt{14}>-\sqrt{19}$** (4) **$\sqrt{0.3}>0.3$**

解説

❶(1) $6^2=36$，$(-6)^2=36$ だから，36の平方根は6と$-6$で，まとめて表すと，$\pm6$

(2) $\left(\frac{2}{3}\right)^2=\frac{4}{9}$，$\left(-\frac{2}{3}\right)^2=\frac{4}{9}$ だから，$\frac{4}{9}$の平方根は$\pm\frac{2}{3}$

❷ $a>0$ のとき，$a$ の平方根は**$\pm\sqrt{a}$**

❸ $\sqrt{a}$ は**正の平方根**，$-\sqrt{a}$ は**負の平方根**を表す。

(2) $-\sqrt{49}=-\sqrt{7^2}=-7$

(3) $\sqrt{(-5)^2}=\sqrt{25}=\sqrt{5^2}=5$

(4) $\sqrt{\frac{4}{25}}=\sqrt{\left(\frac{2}{5}\right)^2}=\frac{2}{5}$

❹(4) $(\sqrt{0.3})^2=0.3$，$0.3^2=0.09$

$0.3>0.09$ だから，$\sqrt{0.3}>0.3$

## No. 15 平方根の乗除

❶ (1) **$\sqrt{35}$** (2) **$-\sqrt{39}$** (3) **6**

(4) **$\sqrt{5}$** (5) **3** (6) **$-4$**

❷ (1) **$\sqrt{18}$** (2) **$\sqrt{20}$** (3) **$\sqrt{75}$**

❸ (1) **$7\sqrt{2}$** (2) **$6\sqrt{2}$** (3) **$\frac{\sqrt{7}}{8}$** (4) **$\frac{2\sqrt{3}}{5}$**

解説

❶(2) $\sqrt{3}\times(-\sqrt{13})=-\sqrt{3\times13}=-\sqrt{39}$

(3) $\sqrt{18}\times\sqrt{2}=\sqrt{18\times2}=\sqrt{36}=6$

(4) $\sqrt{40}\div\sqrt{8}=\frac{\sqrt{40}}{\sqrt{8}}=\sqrt{\frac{40}{8}}=\sqrt{5}$

(5) $\sqrt{45}\div\sqrt{5}=\frac{\sqrt{45}}{\sqrt{5}}=\sqrt{\frac{45}{5}}=\sqrt{9}=3$

❷(2) $2\sqrt{5}=\sqrt{2^2\times5}=\sqrt{4\times5}=\sqrt{20}$

❸(1) $\sqrt{98}=\sqrt{7^2\times2}=7\sqrt{2}$

(4) $\sqrt{\frac{12}{25}}=\frac{\sqrt{12}}{\sqrt{25}}=\frac{\sqrt{2^2\times3}}{5}=\frac{2\sqrt{3}}{5}$

## No. 16 根号をふくむ式の乗除

❶ (1) **$7\sqrt{6}$** (2) **$6\sqrt{35}$** (3) **$6\sqrt{15}$** (4) **$-20\sqrt{6}$**

❷ (1) **$\frac{3\sqrt{5}}{5}$** (2) **$\frac{3\sqrt{3}}{2}$** (3) **$\frac{3\sqrt{2}}{2}$** (4) **$\sqrt{2}$**

❸ (1) **$\frac{\sqrt{21}}{7}$** (2) **$\frac{\sqrt{3}}{2}$** (3) **$\frac{\sqrt{15}}{4}$** (4) **$-\frac{2\sqrt{3}}{3}$**

解説

❶(1) $\sqrt{21}\times\sqrt{14}=\sqrt{7\times3}\times\sqrt{7\times2}$

$=\sqrt{7^2\times3\times2}=7\sqrt{6}$

(3) $\sqrt{12}\times\sqrt{45}=2\sqrt{3}\times3\sqrt{5}$

$=2\times3\times\sqrt{3}\times\sqrt{5}=6\sqrt{15}$

❷(2) $\frac{9}{2\sqrt{3}}=\frac{9\times\sqrt{3}}{2\sqrt{3}\times\sqrt{3}}=\frac{9\times\sqrt{3}}{2\times3}=\frac{3\sqrt{3}}{2}$

❸(3) まず$\sqrt{\phantom{a}}$の中を**できるだけ簡単に**する。

$5\sqrt{3}\div\sqrt{80}=5\sqrt{3}\div4\sqrt{5}=\frac{5\sqrt{3}}{4\sqrt{5}}$

$=\frac{5\sqrt{3}\times\sqrt{5}}{4\sqrt{5}\times\sqrt{5}}=\frac{5\times\sqrt{15}}{4\times5}=\frac{\sqrt{15}}{4}$

## No. 17 平方根のおよその値

❶ (1) **177.2** (2) **0.1772**

❷ (1) **24.49** (2) **77.46** (3) **244.9**

(4) **0.7746** (5) **0.2449** (6) **0.07746**

❸ (1) **4.242** (2) **7.07** (3) **5.656**

(4) **0.202**

解説

❶(1) $\sqrt{31400}=\sqrt{3.14}\times\sqrt{10000}=100\sqrt{3.14}$

(2) $\sqrt{0.0314}=\sqrt{3.14}\times\sqrt{\frac{1}{100}}=\frac{1}{10}\sqrt{3.14}$

**❷** (1) $\sqrt{600}=10\sqrt{6}$     (2) $\sqrt{6000}=10\sqrt{60}$

(3) $\sqrt{60000}=100\sqrt{6}$     (4) $\sqrt{0.6}=\dfrac{\sqrt{60}}{10}$

(5) $\sqrt{0.06}=\dfrac{\sqrt{6}}{10}$     (6) $\sqrt{0.006}=\dfrac{\sqrt{60}}{100}$

**❸** 次のように変形してから代入する。

(1) $\sqrt{18}=3\sqrt{2}$     (2) $\sqrt{50}=5\sqrt{2}$

(3) $\dfrac{8}{\sqrt{2}}=4\sqrt{2}$     (4) $\dfrac{2}{7\sqrt{2}}=\dfrac{\sqrt{2}}{7}$

## No. 18 根号をふくむ式の加減

**❶** (1) $8\sqrt{7}$    (2) $-3\sqrt{5}$    (3) $3\sqrt{3}$

(4) $-5\sqrt{2}+\sqrt{6}$       (5) $\sqrt{6}-5$

(6) $-3\sqrt{5}+5\sqrt{7}$

**❷** (1) $8\sqrt{2}$    (2) $2\sqrt{3}$    (3) $0$

(4) $-2\sqrt{5}+2\sqrt{7}$       (5) $9\sqrt{2}$

(6) $5\sqrt{3}$    (7) $\dfrac{11\sqrt{7}}{14}$    (8) $-\dfrac{5\sqrt{3}}{4}$

解説

**❷** (1) $\sqrt{50}+\sqrt{18}=5\sqrt{2}+3\sqrt{2}=8\sqrt{2}$

(4) $\sqrt{80}-\sqrt{112}+3\sqrt{28}-2\sqrt{45}$

$=4\sqrt{5}-4\sqrt{7}+3\times2\sqrt{7}-2\times3\sqrt{5}$

$=4\sqrt{5}-4\sqrt{7}+6\sqrt{7}-6\sqrt{5}$

$=-2\sqrt{5}+2\sqrt{7}$

(5) $\dfrac{8}{\sqrt{2}}+5\sqrt{2}=\dfrac{8\sqrt{2}}{2}+5\sqrt{2}$

$=4\sqrt{2}+5\sqrt{2}=9\sqrt{2}$

(8) $\dfrac{3}{4\sqrt{3}}-\dfrac{3\sqrt{6}}{\sqrt{8}}=\dfrac{3\sqrt{3}}{12}-\dfrac{3\sqrt{6}}{2\sqrt{2}}$

$=\dfrac{\sqrt{3}}{4}-\dfrac{3\sqrt{3}}{2}=\dfrac{\sqrt{3}}{4}-\dfrac{6\sqrt{3}}{4}=-\dfrac{5\sqrt{3}}{4}$

## No. 19 根号をふくむ式の計算(1)

**❶** (1) $2+5\sqrt{2}$       (2) $4\sqrt{3}-3\sqrt{2}$

(3) $2\sqrt{30}+6$       (4) $2\sqrt{6}-6$

(5) $15-10\sqrt{3}$       (6) $4\sqrt{6}+24$

**❷** (1) $1-3\sqrt{3}$       (2) $5\sqrt{5}-2$

(3) $19+5\sqrt{15}$       (4) $8+6\sqrt{3}$

解説

**❶** (1) $\sqrt{2}(\sqrt{2}+5)=\sqrt{2}\times\sqrt{2}+\sqrt{2}\times5$

$=2+5\sqrt{2}$

(3) $\sqrt{6}(\sqrt{20}+\sqrt{6})=\sqrt{6}(2\sqrt{5}+\sqrt{6})$

$=\sqrt{6}\times2\sqrt{5}+\sqrt{6}\times\sqrt{6}=2\sqrt{30}+6$

(4) $\sqrt{2}(\sqrt{12}-\sqrt{18})=\sqrt{2}(2\sqrt{3}-3\sqrt{2})$

$=\sqrt{2}\times2\sqrt{3}-\sqrt{2}\times3\sqrt{2}=2\sqrt{6}-6$

**❷** (2) $(2\sqrt{5}-3)(\sqrt{5}+4)$

$=2\sqrt{5}\times\sqrt{5}+8\sqrt{5}-3\sqrt{5}-12$

$=10+5\sqrt{5}-12=5\sqrt{5}-2$

## No. 20 根号をふくむ式の計算(2)

**❶** (1) $11+6\sqrt{3}$       (2) $4\sqrt{5}-16$

(3) $-\sqrt{10}-8$       (4) $28+10\sqrt{3}$

(5) $34-24\sqrt{2}$       (6) $68-6\sqrt{35}$

(7) $-4$       (8) $14$

**❷** (1) $7+8\sqrt{7}$       (2) $12\sqrt{7}$

解説

**❶** (1) $(\sqrt{3}+2)(\sqrt{3}+4)$

$=(\sqrt{3})^2+(2+4)\times\sqrt{3}+2\times4$

$=3+6\sqrt{3}+8=11+6\sqrt{3}$

(4) $(\sqrt{3}+5)^2=(\sqrt{3})^2+2\times5\times\sqrt{3}+5^2$

$=3+10\sqrt{3}+25=28+10\sqrt{3}$

(7) 乗法公式 $(x+a)(x-a)=x^2-a^2$ を利用。

$(\sqrt{3}+\sqrt{7})(\sqrt{3}-\sqrt{7})$

$=(\sqrt{3})^2-(\sqrt{7})^2=3-7=-4$

**❷** (1) $x^2+2x-15=(x-3)(x+5)$

$=(\sqrt{7}+3-3)(\sqrt{7}+3+5)$

$=\sqrt{7}(\sqrt{7}+8)=7+8\sqrt{7}$

(2) $x^2-y^2=(x+y)(x-y)$

$=(\sqrt{7}+3+\sqrt{7}-3)(\sqrt{7}+3-\sqrt{7}+3)$

$=2\sqrt{7}\times6=12\sqrt{7}$

## No. 21 まとめテスト③

**❶** (1) $-30<-3\sqrt{3}$

(2) $\dfrac{\sqrt{2}}{3}<\dfrac{2}{3}<\dfrac{2}{\sqrt{3}}$

**❷** (1) $8\sqrt{10}$       (2) $2\sqrt{3}$

(3) $11\sqrt{7}$       (4) $2\sqrt{6}+3\sqrt{2}$

(5) $6\sqrt{2}$       (6) $4\sqrt{6}$

**❸** (1) $3\sqrt{6}-12$       (2) $13-5\sqrt{7}$

(3) $27-12\sqrt{2}$       (4) $-3$

ANSWERS

❶(2) $\left(\sqrt{\dfrac{2}{3}}\right)^2=\dfrac{2}{3}$, $\left(\dfrac{\sqrt{2}}{3}\right)^2=\dfrac{2}{9}$, $\left(\dfrac{2}{\sqrt{3}}\right)^2=\dfrac{4}{3}$

$\dfrac{2}{9}<\dfrac{2}{3}<\dfrac{4}{3}$ だから, $\dfrac{\sqrt{2}}{3}<\sqrt{\dfrac{2}{3}}<\dfrac{2}{\sqrt{3}}$

❷(1) $\sqrt{32}\times\sqrt{20}=4\sqrt{2}\times 2\sqrt{5}$
$=4\times 2\times\sqrt{2}\times\sqrt{5}=8\sqrt{10}$

(2) $\sqrt{60}\div\sqrt{5}=\dfrac{\sqrt{60}}{\sqrt{5}}=\sqrt{\dfrac{60}{5}}=\sqrt{12}=2\sqrt{3}$

(6) $\dfrac{5\sqrt{3}}{\sqrt{2}}+\dfrac{9}{\sqrt{6}}=\dfrac{5\sqrt{6}}{2}+\dfrac{9\sqrt{6}}{6}$

$=\dfrac{5\sqrt{6}}{2}+\dfrac{3\sqrt{6}}{2}=\dfrac{8\sqrt{6}}{2}=4\sqrt{6}$

❸(2) $(\sqrt{7}-2)(\sqrt{7}-3)$
$=(\sqrt{7})^2+\{(-2)+(-3)\}\times\sqrt{7}+(-2)\times(-3)$
$=7-5\sqrt{7}+6=13-5\sqrt{7}$

(4) $(\sqrt{5}-2\sqrt{2})(2\sqrt{2}+\sqrt{5})$
$=(\sqrt{5}-2\sqrt{2})(\sqrt{5}+2\sqrt{2})$
$=(\sqrt{5})^2-(2\sqrt{2})^2=5-8=-3$

## No. 22 2次方程式とその解

❶ ア, オ, カ

❷ イ, ウ, オ

❸ (1) $-4$, $0$　　(2) $-2$, $4$　　(3) $2$

❶ (左辺)$=0$ の形に変形すると,
ウ. $-x-12=0$　　エ. $5x+8=0$
オ. $2x^2-5x-4=0$　　カ. $x^2-7=0$
❸ それぞれの値を方程式に代入してみる。**等式が成り立てば, 解である。**

## No. 23 平方根の考えを使った解き方

❶ (1) $x=\pm 7$　(2) $x=\pm\sqrt{6}$　(3) $x=\pm 3$

(4) $x=\pm\sqrt{7}$　(5) $x=\pm\dfrac{\sqrt{5}}{4}$　(6) $x=\pm\dfrac{\sqrt{10}}{2}$

❷ (1) $x=6$, $x=-4$　(2) $x=-8$, $x=-10$

(3) $x=3\pm\sqrt{7}$　　(4) $x=-4\pm 2\sqrt{3}$

(5) $x=4$, $x=-14$　(6) $x=6$, $x=-2$

(7) $x=8\pm\sqrt{6}$　　(8) $x=-3\pm 4\sqrt{3}$

❶(1) $x^2=49$, $x=\pm\sqrt{49}=\pm 7$

(6) $x^2=\dfrac{5}{2}$, $x=\pm\sqrt{\dfrac{5}{2}}=\pm\dfrac{\sqrt{5}}{\sqrt{2}}=\pm\dfrac{\sqrt{10}}{2}$

❷(1) $x-1=\pm\sqrt{25}=\pm 5$, $x=1\pm 5$
これより, $x=6$, $x=-4$

(3) $x-3=\pm\sqrt{7}$ より, $x=3\pm\sqrt{7}$

(7) $(x-8)^2=6$, $x-8=\pm\sqrt{6}$ より,
$x=8\pm\sqrt{6}$

## No. 24 $(x+a)^2=b$ の形に変形する解き方

❶ (1) 9, 3　　　　　(2) 4, 2

(3) 25, 5　　　　(4) 36, 6

❷ (1) $x=-2\pm\sqrt{7}$　(2) $x=3\pm\sqrt{5}$

(3) $x=4\pm\sqrt{14}$　(4) $x=-5\pm 4\sqrt{2}$

(5) $x=7\pm 5\sqrt{2}$　(6) $x=-8\pm 2\sqrt{3}$

❶(1) $x^2+2ax+a^2=(x+a)^2$ で, $2a=6$ だから,
$a=3$, $a^2=9$

(3) $x^2-2ax+a^2=(x-a)^2$ で, $2a=10$ だから, $a=5$, $a^2=25$

❷(1) $x^2+4x-3=0$
$-3$ を移項して, $x^2+4x=3$
$x$ の係数の半分の2乗, すなわち $2^2$ を両辺に加えて, $x^2+4x+2^2=3+2^2$
左辺を因数分解して, $(x+2)^2=7$
よって, $x+2=\pm\sqrt{7}$, $x=-2\pm\sqrt{7}$

## No. 25 解の公式の利用

❶ (1) $x=\dfrac{-5\pm\sqrt{17}}{4}$　(2) $x=\dfrac{-3\pm\sqrt{29}}{2}$

(3) $x=\dfrac{-9\pm\sqrt{57}}{2}$　(4) $x=\dfrac{-1\pm\sqrt{33}}{8}$

(5) $x=\dfrac{3\pm\sqrt{37}}{14}$　(6) $x=\dfrac{7\pm\sqrt{13}}{6}$

❷ (1) $x=1$, $x=\dfrac{2}{5}$　(2) $x=\dfrac{7}{2}$, $x=-1$

(3) $x=\dfrac{2\pm\sqrt{19}}{3}$　(4) $x=\dfrac{-3\pm\sqrt{15}}{2}$

❶(1) $x=\dfrac{-5\pm\sqrt{5^2-4\times 2\times 1}}{2\times 2}=\dfrac{-5\pm\sqrt{17}}{4}$

**②** (1) $x=\dfrac{-(-7)\pm\sqrt{(-7)^2-4\times5\times2}}{2\times5}$

$=\dfrac{7\pm\sqrt{9}}{10}=\dfrac{7\pm3}{10}$

よって，$x=\dfrac{7+3}{10}=1$，$x=\dfrac{7-3}{10}=\dfrac{2}{5}$

(3) $x=\dfrac{-(-4)\pm\sqrt{(-4)^2-4\times3\times(-5)}}{2\times3}$

$=\dfrac{4\pm\sqrt{76}}{6}=\dfrac{4\pm2\sqrt{19}}{6}=\dfrac{2\pm\sqrt{19}}{3}$

## No.26 因数分解を利用した解き方

**❶** (1) $x=2$, $x=-3$ (2) $x=-6$, $x=-9$

(3) $x=0$, $x=4$ (4) $x=-2$, $x=\dfrac{5}{2}$

**❷** (1) $x=-2$, $x=-7$ (2) $x=-4$, $x=15$

(3) $x=6$ (4) $x=-9$

**❸** (1) $x=-6$, $x=7$ (2) $x=5$, $x=-8$

(3) $x=3$, $x=-6$ (4) $x=0$, $x=7$

(5) $x=-3$, $x=-7$ (6) $x=6$, $x=-8$

**解説**

**❶** (4) $x+2=0$ または，$2x-5=0$ だから，

$x=-2$, $x=\dfrac{5}{2}$

**❷** (1) 左辺を因数分解すると，

$(x+2)(x+7)=0$, $x=-2$, $x=-7$

(3) 左辺を因数分解すると，$(x-6)^2=0$, $x=6$

**❸** (1) 左辺を展開すると，$x^2+4x=5x+42$,

$x^2-x-42=0$, $(x+6)(x-7)=0$,

$x=-6$, $x=7$

(5) 両辺を3でわると，$x^2+10x+21=0$,

$(x+3)(x+7)=0$, $x=-3$, $x=-7$

## No.27 いろいろな2次方程式

**❶** (1) $x=\dfrac{3\pm\sqrt{17}}{4}$ (2) $x=10\pm5\sqrt{6}$

(3) $x=\dfrac{6\pm\sqrt{30}}{3}$ (4) $x=\dfrac{-5\pm\sqrt{5}}{10}$

(5) $x=-1$, $x=\dfrac{2}{3}$ (6) $x=1$, $x=-\dfrac{1}{6}$

**❷** (1) $x=\dfrac{-1\pm\sqrt{41}}{4}$ (2) $x=10\pm2\sqrt{21}$

(3) $x=-2\pm\sqrt{11}$ (4) $x=\dfrac{1\pm\sqrt{17}}{2}$

**解説**

**❶** (4) 両辺に5をかけて分母をはらうと，

$5x^2+5x+1=0$

$x=\dfrac{-5\pm\sqrt{5^2-4\times5\times1}}{2\times5}$

$=\dfrac{-5\pm\sqrt{25-20}}{10}=\dfrac{-5\pm\sqrt{5}}{10}$

**❷** (2) $(4-x)^2=12x$, $16-8x+x^2=12x$,

$x^2-20x+16=0$

$x=\dfrac{-(-20)\pm\sqrt{(-20)^2-4\times1\times16}}{2\times1}$

$=\dfrac{20\pm\sqrt{336}}{2}=\dfrac{20\pm4\sqrt{21}}{2}$

$=10\pm2\sqrt{21}$

## No.28 2次方程式の利用

**❶** (1) $a=-5$ (2) $-4$

**❷** (1) $x(x+8)=84$ (2) 6と14

**❸** $x=6$, $x=8$

**解説**

**❶** (1) 方程式に $x=9$ を代入すると，

$9^2+9a-36=0$ これを解くと，$a=-5$

(2) もとの方程式は，$x^2-5x-36=0$

これを解くと，$x=-4$, $x=9$

したがって，もう1つの解は，$x=-4$

**❷** (2) (1)の方程式を解くと，$x=6$, $x=-14$

$x$ は**正の整数**だから，小さいほうの数は6

で，大きいほうの数は $6+8=14$

**❸** $x$ から6をひいて2乗した数は $(x-6)^2$，$x$ から6をひいて2倍した数は $2(x-6)$ だから，方程式は，$(x-6)^2=2(x-6)$

これを解くと，$x=6$, $x=8$

## No.29 まとめテスト④

**❶** (1) $x=3$, $x=-6$ (2) $x=4$, $x=-9$

(3) $x=-3$, $x=-7$ (4) $x=0$, $x=15$

(5) $x=5$ (6) $x=-8$

**❷** (1) $x=\pm\sqrt{3}$ (2) $x=-2\pm2\sqrt{2}$

(3) $x=-2\pm\sqrt{5}$ (4) $x=\dfrac{9\pm\sqrt{57}}{6}$

**❸** (1) $a=6$ (2) $-10$

（解説）

❶ **因数分解**を利用して解く。

(2) $(x-4)(x+9)=0$, $x=4$, $x=-9$

(6) $(x+8)^2=0$, $x=-8$

❷(4) $x=\dfrac{-(-9)\pm\sqrt{(-9)^2-4\times3\times2}}{2\times3}$

$=\dfrac{9\pm\sqrt{81-24}}{6}=\dfrac{9\pm\sqrt{57}}{6}$

❸(1) 方程式に $x=4$ を代入すると，

$16+4a-2(3a+2)=0$, $a=6$

(2) もとの方程式に $a=6$ を代入して整理する

と，$x^2+6x-40=0$

これを解くと，$x=4$, $x=-10$

したがって，もう 1 つの解は，$x=-10$

---

**No. 30 関数 $y=ax^2$**

❶ (1) $y=2x^2$　　(2) $y=18$

❷ (1) $y=-3x^2$　　(2) $y=-75$

❸ (1) $y=48$　　(2) $y=-24$

（解説）

❶(1) $y=ax^2$ に $x=4$, $y=32$ を代入して，

$32=a\times4^2$, $a=2$　よって，$y=2x^2$

(2) $y=2x^2$ に $x=-3$ を代入して，

$y=2\times(-3)^2=2\times9=18$

❸(2) $y=ax^2$ に $x=-3$, $y=-6$ を代入して，

$-6=a\times(-3)^2$, $a=-\dfrac{2}{3}$

よって，式は $y=-\dfrac{2}{3}x^2$ だから，これに

$x=-6$ を代入して，

$y=-\dfrac{2}{3}\times(-6)^2=-\dfrac{2}{3}\times36=-24$

---

**No. 31 関数 $y=ax^2$ の値の変化**

❶ (1) $16\leqq y\leqq64$　　(2) $0\leqq y\leqq36$

❷ (1) $10$　　(2) $-18$

❸ (1) $a=-2$　　(2) $a=-4$

（解説）

❶(1) $y=4x^2$ のグラフは**上に開いた放物線**だか

ら，**$x>0$ の範囲**では，$x$ が増加すると $y$ も

増加する。したがって，**$x$ の最小値に $y$ の**

---

(2) 右のグラフから，

$-1\leqq x\leqq3$ のとき，

**$y$ の最小値は $0$ で，$y$**

の最大値は $x=3$ のと

きの $y$ の値で，

$y=4\times3^2=36$

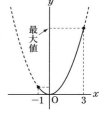

❷(2) $x=-6$ のとき，

$y=2\times(-6)^2=72$

$x=-3$ のとき，$y=2\times(-3)^2=18$

したがって，変化の割合は，

$\dfrac{18-72}{-3-(-6)}=\dfrac{-54}{3}=-18$

❸(1) $x$ の増加量は，$7-3=4$

$y$ の増加量は，$a\times7^2-a\times3^2=40a$

だから，$\dfrac{40a}{4}=-20$, $a=-2$

(2) $y=x^2$ の変化の割合は，

$\dfrac{(a+5)^2-a^2}{(a+5)-a}=\dfrac{a^2+10a+25-a^2}{a+5-a}$

$=\dfrac{10a+25}{5}=2a+5$

これが 1 次関数 $y=-3x+9$ の変化の割合

に等しいから，$2a+5=-3$, $a=-4$

---

**No. 32 関数 $y=ax^2$ の応用**

❶ (1) $a=\dfrac{1}{2}$　　(2) $8$

(3) $y=x+4$　　(4) $12$

❷ (1) $y=\dfrac{1}{24}x^2$　　(2) **時速72km**

（解説）

❶(1) $y=ax^2$ に点 A の座標を代入して，

$2=a\times(-2)^2$, $a=\dfrac{1}{2}$

(3) $y=ax+b$ に 2 点 A，B の座標を代入

すると，$\begin{cases}2=-2a+b\\8=4a+b\end{cases}$

これを解くと，$a=1$, $b=4$

(4) 直線 AB と $y$ 軸との交点を C とすると，

直線 AB の式から OC$=4$ で，△AOC の高

さは $2$，△BOC の高さは $4$ だから，

$\triangle\mathrm{OAB}=\dfrac{1}{2}\times4\times(2+4)=12$

❶ (1) $y=\dfrac{3}{2}x^2$  (2) $y=54$

❷ (1) $0\leqq y\leqq48$  (2) $-12\leqq y\leqq0$

❸ (1) **18**  (2) **−6**

❹ (1) $a=-\dfrac{4}{3}$  (2) $a=4$

解説

❷(1) $y$ の最小値は $0$ で，最大値は $x=4$ のとき
の $y$ の値で，$y=3\times4^2=48$

(2) $y$ の最大値は $0$ で，最小値は $x=4$ のとき
の $y$ の値で，$y=-\dfrac{3}{4}\times4^2=-12$

❹(1) $y$ の変域から $a<0$ で，$x=3$ に $y=-12$
が対応するから，$y=ax^2$ に対応する値を代
入して，$-12=a\times3^2$，$a=-\dfrac{4}{3}$

(2) $\dfrac{a\times(-2)^2-a\times(-5)^2}{-2-(-5)}=-28$ より $a=4$

❶ (1) **4：3**  (2) **AD＝12cm，FG＝15cm**

❷ (1) $x=8$  (2) $x=6$

(3) $x=\dfrac{27}{4}$  (4) $x=8$

解説

❶(1) AB：EF＝16：12＝4：3

(2) AD：EH＝4：3 だから，
AD：9＝4：3 より，AD＝12cm
また，BC：FG＝4：3 だから，
20：FG＝4：3 より，FG＝15cm

❷(1) △EAB と△EDC で，EA：ED＝EB：EC
＝2：1，∠AEB＝∠DEC だから，
**△EAB∽△EDC**（2組の辺の比とその間の角）
よって，$x$：4＝2：1 より，$x=8$

(2) △ABC と△EDC で，∠ABC＝∠EDC
＝90°，∠ACB＝∠ECD（共通）だから，
**△ABC∽△EDC**（2組の角）
よって，9：$x$＝15：10 より，$x=6$

(3) △ABC と△ACD で，∠ABC＝∠ACD
＝45°，∠BAC＝∠CAD（共通）だから，
**△ABC∽△ACD**（2組の角）
よって，12：9＝9：$x$ より，$x=\dfrac{27}{4}$

(4) △ABC と△ACD で，AB：AC＝AC：AD
＝3：2，∠BAC＝∠CAD（共通）だから，
**△ABC∽△ACD**（2組の辺の比とその間の角）
よって，12：$x$＝3：2 より，$x=8$

❶ **約21m**

❷ **8.5m**

❸ **8.6m**

解説

❷ △ABC∽△DEF だから，木の高さを$x$m とす
ると，1：$x$＝0.6：5.1
これより，$x=8.5$(m)

❸ GF の長さを除いた部分の電柱の影が EF にな
る。したがって，電柱の高さを$x$m とすると，
1：$(x-0.6)$＝0.7：5.6
これより，$x=8.6$(m)

❶ (1) $x=9$，$y=7.2$  (2) $x=4$，$y=9$

❷ (1) **3：4**  (2) **9cm**

❸ **EF＝5cm，EG＝8cm**

解説

❶(1) 6：4＝$x$：6 より，$x=9$
6：(6＋4)＝$y$：12 より，$y=7.2$

❷(1) △ABC で，DE∥BC より，
AE：AC＝AD：AB
＝12：(12＋4)＝3：4

(2) △ADC で，FE∥DC より，
AF：AD＝AE：AC＝3：4
よって，AF＝$\dfrac{3}{4}$AD＝$\dfrac{3}{4}\times12=9$(cm)

❸E は AB の中点で，EG∥BC だから，F，
G もそれぞれ AC，DC の中点になる。
したがって，△ABC で，中点連結定理より，
EF＝$\dfrac{1}{2}$BC＝$\dfrac{1}{2}\times10=5$(cm)
また，△CAD で，中点連結定理より，
FG＝$\dfrac{1}{2}$AD＝$\dfrac{1}{2}\times6=3$(cm)
よって，EG＝5＋3＝8(cm)

**ANSWERS**

## No. 37 平行線と比

❶ (1) $x=12$  (2) $x=6$
  (3) $x=9.6$  (4) $x=7.2$
❷ EF=12cm, FD=20cm

(解説)

❶(2) $3:(8-3)=3.6:x$ より，$x=6$
  (4) $9:6=(18-x):x$ より，$x=7.2$
❷ AB∥CD より，
BE:EC=AB:CD=21:28=3:4
したがって，△BCD で，EF∥CD より，
EF:CD=BE:BC=3:(3+4)=3:7
よって，EF$=\dfrac{3}{7}$CD$=\dfrac{3}{7}×28=12$(cm)
同様に，BF:FD=3:4 だから，
FD$=$BD$×\dfrac{4}{3+4}=35×\dfrac{4}{7}=20$(cm)

## No. 38 相似な図形の面積比・体積比

❶ (1) 64cm$^2$  (2) 48cm$^2$  (3) 196cm$^2$
❷ (1) 5 cm  (2) 1:27  (3) $\dfrac{650}{3}\pi$cm$^3$
❸ 686cm$^3$

(解説)

❶(1) △OAD∽△OCB で，相似比が 3:4 だか
  ら，面積比は $3^2:4^2=9:16$
    よって，△OBC$=36×\dfrac{16}{9}=64$(cm$^2$)
❷(1) 水のはいっている部分と容器は相似で，
  相似比は，4:12=1:3
    水面の円の直径は，$15×\dfrac{1}{3}=5$(cm)

## No. 39 まとめテスト⑥

❶ $x=4.5$
❷ $x=2.4$，$y=\dfrac{31}{7}$
❸ 9 cm
❹ (1) $9a$  (2) 3:5

(解説)

❶ △ABC∽△DAC より，BC:AC=AC:DC
$8:6=6:x$，$x=4.5$

❷ $2:5=x:6$ より，
$x=2.4$ また，右の
図のように平行な直
線をひくと，色をつ
けた三角形で，

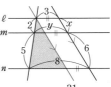

$(y-3):(8-3)=2:(2+5)$ より，$y=\dfrac{31}{7}$
❸ △BAF で，中点連結定理から，
AF=2DE=2×6=12(cm)
  点 G は CD の中点だから，△CDE で，中点
連結定理から，GF$=\dfrac{1}{2}$DE$=\dfrac{1}{2}×6=3$(cm)
    よって，AG=12-3=9(cm)
❹(2) △ADF∽△AEG で，相似比は 1:2 だか
  ら，面積比は $1^2:2^2=1:4$
    よって，△AEG=4a したがって，
    台形 DEGF:台形 EBCG
$=(4a-a):(9a-4a)=3a:5a=3:5$

## No. 40 円周角の定理

❶ (1) 46°  (2) 110°  (3) 80°  (4) 60°
❷ (1) 35°  (2) 42°

(解説)

❶(1) $∠x=92°÷2=46°$
  (2) $∠x=(25°+30°)×2=110°$
  (3) 右の図で，1つの弧に
    対する円周角は等しい
    から，$∠a=54°$
    $∠x=54°+26°=80°$

❷(2) $∠x=\dfrac{1}{2}∠$COD$=\dfrac{1}{2}×84°=42°$

## No. 41 まとめテスト⑦

❶ (1) 60°  (2) 40°  (3) 105°
❷ (1) 90°  (2) 65°
❸ (1) $2\pi$ cm  (2) 35°

(解説)

❸(1) $∠$BOC$=2∠$BAC$=60°$
    $\overset{\frown}{BC}=2\pi×6×\dfrac{60}{360}=2\pi$(cm)
  (2) $∠$ACB$=(180°-40°)÷2=70°$ $\overset{\frown}{AM}=\overset{\frown}{MB}$
    より，$∠$ACM$=∠$MCB$=70°÷2=35°$

ANSWERS

10

## No. 42 三平方の定理

**①** (1) $x=10$      (2) $x=6$

    (3) $x=5\sqrt{6}$      (4) $x=4\sqrt{2}$

**②** $x=9$

**③** イ，ウ

(解説)

**①**(2) $3^2+x^2=(3\sqrt{5})^2$ より，$x^2=36$

    $x>0$ だから，$x=\sqrt{36}=6$

  (3) $10^2+(5\sqrt{2})^2=x^2$ より，$x^2=150$

    $x>0$ だから，$x=\sqrt{150}=5\sqrt{6}$

**②** $AD=a$cm とすると，直角三角形 ABD で，

$2^2+a^2=7^2$ より，$a^2=45$

直角三角形 ADC で，$a^2+6^2=x^2$ だから，

$45+6^2=x^2$，$x^2=81$

$x>0$ だから，$x=\sqrt{81}=9$

**③ 各辺を2乗して考える。**

ウ．$(\sqrt{2})^2=2$，$(2\sqrt{3})^2=12$，$(\sqrt{14})^2=14$

$2+12=14$ だから，直角三角形である。

エ．$(\sqrt{15})^2=15$，$(2\sqrt{10})^2=40$，$(3\sqrt{3})^2=27$

$15+27\neq40$ だから，直角三角形ではない。

## No. 43 平面図形への利用

**①** (1) $5\sqrt{2}$ cm      (2) 15cm

**②** (1) $16\sqrt{3}$ cm$^2$      (2) $8\sqrt{21}$cm$^2$

**③** (1) $4\sqrt{5}$ cm      (2) $2\sqrt{5}$

(解説)

**①**(1) $5^2+5^2=50$ より，対角線の長さは，

    $\sqrt{50}=5\sqrt{2}$ (cm)

**②**(1) 1辺が $a$ の正三角形の面積を $S$ とすると，

    $S=\dfrac{\sqrt{3}}{4}a^2$ だから，これに $a=8$ を代入して，

    $S=\dfrac{\sqrt{3}}{4}\times8^2=16\sqrt{3}$ (cm$^2$)

  (2) A から BC に垂線 AH をひくと，

    $BH=4$cm，$AH=\sqrt{10^2-4^2}=2\sqrt{21}$(cm)

    $\triangle ABC=\dfrac{1}{2}\times8\times2\sqrt{21}=8\sqrt{21}$(cm$^2$)

**③**(1) $AH=\sqrt{6^2-4^2}=2\sqrt{5}$ (cm)

    $AB=2AH=4\sqrt{5}$ (cm)

  (2) $AB=\sqrt{(9-5)^2+(-1-1)^2}=2\sqrt{5}$

## No. 44 空間図形への利用

**①** (1) 7cm      (2) $7\sqrt{3}$ cm

**②** (1) 2 cm      (2) $2\sqrt{15}$ cm

**③** (1) $3\sqrt{2}$ cm      (2) $3\sqrt{2}$ cm

    (3) $36\sqrt{2}$ cm$^3$

(解説)

**②**(1) 底面の円の半径を $r$cm とすると，

    $2\pi r=2\pi\times8\times\dfrac{90}{360}$ より，

    $r=2$(cm)

  (2) 円錐の見取図は右のようになるから，高さは，

    $\sqrt{8^2-2^2}=2\sqrt{15}$(cm)

8cm

2cm

**③**(1) AC は1辺6cm の正方形の対角線だから，$AC=6\sqrt{2}$ cm で，AH の長さは AC の半分だから，$AH=3\sqrt{2}$ cm

  (2) $OH^2=OA^2-AH^2=6^2-(3\sqrt{2})^2=18$

    $OH>0$ だから，$OH=\sqrt{18}=3\sqrt{2}$ (cm)

  (3) $\dfrac{1}{3}\times6^2\times3\sqrt{2}=36\sqrt{2}$ (cm$^3$)

## No. 45 まとめテスト⑧

**①** (1) $x=4\sqrt{5}$      (2) $x=5\sqrt{2}$

**②** $AC=3\sqrt{3}$ cm，$AB=3\sqrt{7}$ cm

**③** $8\sqrt{3}$ cm$^2$

**④** $24\sqrt{7}$ $\pi$cm$^3$

(解説)

**③** △ACF の各辺は1辺4cm の正方形の対角線で，その長さはどれも $4\sqrt{2}$ cm

求める面積は，$\dfrac{\sqrt{3}}{4}\times(4\sqrt{2})^2=8\sqrt{3}$ (cm$^2$)

**④** 円錐の高さは，$\sqrt{8^2-6^2}=2\sqrt{7}$ (cm)

    体積は，$\dfrac{1}{3}\pi\times6^2\times2\sqrt{7}=24\sqrt{7}\pi$(cm$^3$)

## No. 46 標本調査

**①** およそ12.0%

**②** およそ50個

**③** およそ970匹

**ANSWERS**

❶ 各回の含有率を標本と考えて，その平均を求める。

$(12.25+11.95+12.05+11.80+11.90+12.00+12.05)÷7=84.00÷7=12.00(％)$

❷ 取り出した12個にふくまれる赤玉の割合は，

$\dfrac{3}{12}=\dfrac{1}{4}$　したがって，袋の中の赤玉の割合もほぼこれに等しいと考えられるから，

およそ$200×\dfrac{1}{4}=50$(個)

❸ 池の魚が$x$匹いるとすると，1回めにすくって印をつけた魚との比は$124:x$

これに対して，2回めにすくった282匹と，印のついた魚の比は$36:282$

よって，$124:x=36:282$，$x=971.\cdots$

## No. 47　近似値

❶ (1) 3, 8, 6　　(2) $3855≦a<3865$
　 (3) 5 g 以下
❷ (1) $1.35≦a<1.45$　(2) $4.895≦a<4.905$
❸ (1) 10m の位　　(2) 100g の位
❹ (1) $9.5×10^3\text{g}$　　(2) $1.357×10^6\text{km}$
　 (3) $2.64×10^4\text{m}^2$

❷(2) $a$ の値の範囲は，右の図のようになる。

真の値の範囲
0.005　0.005
4.895　4.900　4.905

❹(3) 有効数字は3けただから，26380を上から4けた目で四捨五入すると，26400で，有効数字は，2, 6, 4

## No. 48　まとめテスト⑨

❶ およそ49.3kg
❷ およそ25個
❸ (1) $624.5≦a<625.5$
　　 誤差の絶対値…0.5mL 以下
　 (2) $5.75≦a<5.85$
　　 誤差の絶対値…0.05m 以下
❹ (1) $2.64×10^3\text{kg}$　(2) $9.750×10^4\text{m}$
　 (3) $5.28×10^5\text{g}$　(4) $3.762×10^7\text{km}$

❷ この工場で製造した製品にふくまれる不良品の割合は $\dfrac{2}{400}=0.005$

## No. 49　総復習テスト①

❶ (1) $x^2+11x+24$　(2) $y^2-20y+100$
　 (3) $a^2-12a+36$　(4) $m^2-9$
❷ (1) $(x+3)(x+9)$　(2) $(x+8)(x-9)$
　 (3) $2(a+3)(a-3)$　(4) $-(y+9)^2$
❸ (1) 0　　　　(2) $\sqrt{10}$
　 (3) $19-8\sqrt{3}$　(4) $-2$
❹ (1) $x=0,\ x=5$　(2) $x=-2,\ x=12$
　 (3) $x=8$　　　(4) $x=\dfrac{-7±\sqrt{53}}{2}$
❺ (1) $a=\dfrac{3}{2}$　　(2) ① $\dfrac{3}{2}$　　② $-15$
❻ (1) $x=12,\ y=6$　(2) $x=5$
❼ (1) 8cm　　　(2) $3\sqrt{55}\ \pi\text{cm}^3$

❺(1) $y=ax^2$ で，$x=4$ に $y=24$ が対応する。

## No. 50　総復習テスト②

❶ (1) $x^2-x-72$　(2) $4a^2-12a+9$
　 (3) $9m^2-49$　(4) $a^2+3ab-40b^2$
❷ (1) $(x+7)(x-8)$　(2) $(a-2)(a+21)$
　 (3) $(2a+3b)(2a-3b)$　(4) $-3(x-4)^2$
❸ (1) 0　　　　(2) $5\sqrt{6}$
　 (3) $2\sqrt{5}-19$　(4) $14-4\sqrt{6}$
❹ (1) $x=-4±3\sqrt{3}$　(2) $x=-6,\ x=-9$
　 (3) $x=7$　　　(4) $x=-1±\sqrt{5}$
❺ (1) $y=48$　　(2) $-32≦y≦0$
❻ (1) $∠x=55°,\ ∠y=15°$
　 (2) $∠x=54°,\ ∠y=50°$
❼ (1) $12\sqrt{3}\ \text{cm}^2$　(2) $2\sqrt{7}\ \text{cm}$

❼(1) A から BC に垂線 AH をひくと，$AH=2\sqrt{3}$ cm だから，求める面積は，$6×2\sqrt{3}=12\sqrt{3}$ (cm$^2$)
　 (2) △AHC で三平方の定理を使う。

ANSWERS